好雪茄为什么好

四川中烟工业有限责任公司◎编著

华夏出版社

HUAXIA PUBLISHING HOUSE

本书编写组

撰　稿　胡　希　刘路路　邢　蕾　范静苑　李品鹤
　　　　吕晋雄　贾玉红　杨　振　卢海军　李亚森
审　稿　胡　希

目　录

前　言

　　雪茄，从制作材料和工艺的角度来讲，是一种用经过发酵的烟草卷制而成的烟草制品。从功能定位来讲，它给人带来愉悦丰富的香气，让人拥有一种高雅的生活状态，同时满足生理和心理的需求。从生活载体来看，它是一种精神情怀、一种人生价值观、一种生活状态的体现。根据传统概念，雪茄指全部由烟叶卷成的烟支，它由三个主要部分构成，从内到外依次为茄芯、茄套、茄衣。

　　雪茄烟叶为茄科（Solanaceae）烟草属（Nicotiana）普通烟草（*Nicotiana tabacum*）中的某些品种，因使用的局限性、独特性以及不可替代性而在烟草原料中自成一体。雪茄烟叶生长需要适宜的阳光、温度、湿度和土壤条件。世界上优质雪茄烟叶产地集中在气候较温暖的地区，除个别特殊产地以外，相当多产地与海洋性气候有关。

　　目前，人们普遍认为，烟草的可吸食性最早是美洲的印第安人发现的。

　　1492 年，探险家克里斯托弗·哥伦布和他的船队到达圣萨尔瓦多岛，随后又探索了古巴岛和伊斯帕尼奥拉岛。正是在这些地方，烟草首次进入旧大陆人类的视野。

　　烟草在加勒比海岛屿上广泛分布，当地的泰诺族印第安人将这种散发着特殊香气的叶子卷在芭蕉叶或棕榈叶中抽吸。他们称这种卷制得十分粗糙的烟卷为"cohiba"。如今，"cohiba"（高希霸）是一种古巴雪茄的名称，它是世界上最受欢迎的雪茄品牌之一。至于雪茄的英文名"cigar"，则是从西班牙语"cigarro"演化而来，而"cigarro"源于玛雅语中的"sikar"，是抽烟的意思。

　　此后，烟草从美洲传播到西班牙，并进一步传遍全世界。由此可见，烟草制品最早的形态就是雪茄。世界烟草史，在一定程度上就是雪茄的历史。

　　1542 年，西班牙人在古巴开设了第一家雪茄工厂，但直到 1676 年，现代意义上的雪茄产业才在西班牙的塞维利亚诞生。1717 年，西班牙国王费利佩五世对烟草实行皇家垄断经营，这严重阻碍了雪茄产业的发展。到 19 世纪初，越来越多的欧洲人爱上抽雪茄，市场供需严重不平衡。为满足日益增长的市场需求，1821 年，西班牙国王费迪南德七世颁布法令，鼓励古巴大规模生产雪茄，并可以通过西班牙与其他国家进行贸易，由此西班牙也垄断了当时古巴雪茄的销售。

从 19 世纪初开始，古巴和美国的雪茄工人们频繁通过罢工和游行来解决劳资纠纷、争取自身权益，这些早期的雪茄工人联盟也是现代工会的雏形。南北战争以后，抽雪茄才真正在美国流行起来，雪茄生产成为一个重要的工业种类，工厂大量招收工人手工卷制雪茄。1868 年，古巴爆发了反对西班牙殖民统治、争取民族独立的"十年战争"。为了躲避战乱，次年西班牙雪茄制造商文森特·马丁内斯·伊博尔（Vicente Martinez Ybor）将他的威尔士亲王工厂从哈瓦那转移到美国佛罗里达州的基·韦斯特（Key West）。其他制造商纷纷效仿，由此基·韦斯特成为当时另一个重要的雪茄生产中心。

进入 20 世纪，雪茄产业在波折中继续发展。古巴经历了经济危机、政局动荡和革命战争，在 60 年代实行社会主义改造，将雪茄产业收归国有。许多原工厂所有者离开古巴，在多米尼加、洪都拉斯、墨西哥、美国等地重新开始雪茄生产。牙买加、尼加拉瓜、巴西以及美洲之外的印度尼西亚、菲律宾、喀麦隆、中国等国家也创造了拥有独特口感和风味的雪茄。

第一章 雪茄常识

一、世界著名雪茄原产国

不同的地理环境造就了烟叶不同的品质和风格，这也是不同地方出产的雪茄拥有不同风格特点的原因。虽然在全球贸易逐步深入的今天，多烟叶品种混合的雪茄生产已成为主流（古巴雪茄所用烟叶全为古巴本国生产），但我们仍然能从口感中察觉到一支雪茄的烟叶特点：古巴烟叶香气浓郁，多米尼加烟叶香气醇和，洪都拉斯烟叶口感辛辣，等等。就整个世界而言，可以种植优质烟叶的地区非常有限，需要土壤、温度、降雨量等的完美组合。立足于不同原产地的雪茄品牌，也基本保持了具有地域特征的品质和风格。

1. 古 巴

当我们谈论古巴烟叶时，布埃尔塔·阿瓦霍（Vuelta Abajo）这个词往往会让专业雪茄客们眼前一亮。这一区域位于古巴岛西端的比那尔·德·里奥省，因其优质的茄衣及茄套烟叶而闻名。但除了这里，古巴还有另外三个烟叶产区，它们分别是位于首都哈瓦那附近的帕尔蒂多（Partido），主要出产茄衣、茄芯烟叶；处于古巴岛中部的雷梅迪奥斯（Remedios），主要出产茄套、茄芯烟叶；最东边的布埃尔塔·阿里巴（Vuelta Arriba）种植区，主要出产茄套、茄芯烟叶。

红色的土壤、适宜的光照、湿润的空气、几个世纪种植烟草的经验以及独特的雪茄情结造就了古巴烟叶的成功。该国的气候塑造了烟叶烟味浓郁、富含香气的品质，口感较为强烈，略偏于辛辣，并稍带胡椒味。尽管美洲以及其他国家的烟草种子也有来自古巴的，但离开了古巴，受气候、土壤等因素影响，它们的味道就发生了一些变化。

2019 年 9 月，古巴哈瓦那雪茄集团发布了新的雪茄品牌体系，分为全球品牌（Global Brands）和组合品牌（Portfolio Brands）两个大类，共 27 个品牌。其中，全球品牌 6 个，聚焦于创新和新产品开发：高希霸（Cohiba）、蒙特克里斯托（Montecristo）、罗密欧与朱丽叶（Romeo y Julieta）、帕塔加斯（Partagás）、好友蒙特雷（Hoyo de Monterrey）和乌普曼（H. Upmann）。目前上述 6 个品牌的大多数经典尺寸在中国大陆市场均有销售。

2. 多米尼加

作为当今世界最大的优质雪茄生产国，多米尼加有两块著名的烟叶山谷：一个是由哥伦布命名的 Real（西班牙语意为"皇家"），一个是 Cibao Valley（西巴奥谷地）。这两块峡谷的土壤富含多种矿物质，造就了当今世界上最奢华的两种长叶茄芯烟叶：Olor Dominicano（多米尼加本土烟叶）和 Piloto Cubano（一种珍贵的古巴雪茄品种，由当年逃离古巴的烟草公司带到多米尼加）。

用多米尼加烟叶制作的雪茄，口味总体上比古巴、尼加拉瓜和洪都拉斯雪茄淡一些，但目前多米尼加共和国政治环境稳定，原料来源丰富，逐渐成为雪茄行业的世界工厂，创造出口味多样的雪茄产品。

多米尼加的优质雪茄品牌林立，主要有富恩特、多米尼加之花、大卫杜夫、拉·奥罗拉（狮子牌）、卡里罗、麦克纽杜、拉加莱拉、阿什顿、唯佳、比德奥、唐朱里奥、普利塔等。此外还有非古版本的罗密欧与朱丽叶、蒙特克里斯托、高希霸等品牌。

富恩特、卡里罗、拉加莱拉、比德奥4个多米尼加本土品牌在参加2019国际雪茄博览会（深圳）后首次获准进入中国市场。

3. 尼加拉瓜

尼加拉瓜是中美洲除墨西哥外面积最大的国家，国内火山众多。在那里，有两块肥沃的烟叶种植地：哈拉帕（Jalapa）和艾斯特利（Esteli）。那里出产质量上乘的茄芯、茄套和茄衣烟叶。近年来靠近艾斯特利附近的孔德加（Condega）也开始大面积种植烟草，并且成效显著。这个地区处于尼加拉瓜与洪都拉斯接壤处，拥有着与古巴最为相似的土壤条件。

目前，尼加拉瓜优质手工雪茄在国际雪茄市场的接受度仅次于古巴雪茄。由于贸易禁运，美国禁止进口古巴雪茄，尼加拉瓜品牌雪茄成为目前美国进口量最大的雪茄产品，近年来年均稳定在 1.5 亿支左右。

尼加拉瓜雪茄品牌依靠美国这个全球最大的雪茄市场日益成长壮大。常见的尼加拉瓜品牌有：尼加拉瓜宝石、奥利瓦、帕德龙、洛奇帕特尔、AJ 费尔南德兹、德鲁庄园、佩尔多莫、我的父亲、C.A.O（潮牌）、普拉森西亚、塔图赫等。

4. 洪都拉斯

洪都拉斯与尼加拉瓜接壤，境内丘陵起伏、茂林密布，全国只有 20% 的面积适合耕种，但也是这里种出了全世界最浓烈的烟叶。

尽管洪都拉斯生产的雪茄不如多米尼加和尼加拉瓜生产的雪茄突出，本土品牌数量较少，但它仍然是一个充满活力的地区。在尼加拉瓜政治和经济动荡时期，许多雪茄制造商转向洪都拉斯，许多高档雪茄都采用洪都拉斯烟叶制作。洪都拉斯的知名品牌有亚历克·布拉德利、大卫杜夫集团旗下的卡马乔、北欧烟草旗下的潮牌品牌部分产品以及帕丽娜等。

5. 美　国

虽然美国很多地区都种植烟叶，但最优质的产区还是康涅狄格州。由于其特有的沙质土壤，康涅狄格阴植茄衣有着令人难忘的口感。最著名的是康涅狄格河谷地区，这一区域从哈特福德一直延伸到马萨诸塞州。

美国最古老的雪茄公司 J.C. 纽曼旗下的美国人品牌也非常有特色，它坚持全配方使用美国优质雪茄烟叶。

6.巴　西

巴西雪茄烟叶的主产地在巴伊亚州，主要雪茄烟叶品种为阿拉皮拉卡（Arapiraca）、马塔·菲纳（Mata Fina）、马塔·娜塔（Mata Norte）。炎热的天气以及强烈的阳光使得巴西的烟叶具有辛辣又带有甜味的感觉，巴西烟叶是色深味浓的雪茄经常选用的烟叶。

巴西最知名的品牌当属丹纳曼，该品牌已有140多年的历史，业务兼顾优质手工雪茄和机制雪茄，并且建立了中文网站。

7.墨西哥

墨西哥烟叶种植区在南部接近海岸的圣安德鲁斯谷地，该地区土地肥沃，生产茄芯烟叶及深褐色茄衣烟叶。炙热的阳光和干燥的土地造就了当地雪茄烟叶口感浓烈的明显风格特色，深褐色的烟叶常用于制作马杜罗茄衣。

墨西哥的卡萨图伦特品牌基于墨西哥雪茄烟叶风格打造的雪茄产品在国际雪茄市场独树一帜。

二、雪茄产业的发展

1.欧洲第一家雪茄烟厂

1717年，西班牙在塞维利亚建立了欧洲第一家雪茄烟厂，开始用古巴烟叶来生产雪茄。正是西班牙人的种种努力缔造了雪茄业，西班牙也一度是世界上古巴雪茄的最大进口国。

1731年，西班牙开始全工厂化生产雪茄。

2. 美国的第一家雪茄烟厂

1760 年，皮埃尔·洛里亚尔（Pierre Lorillard）建立了美国第一家生产烟斗、雪茄和鼻烟的工厂。P. 洛里亚尔是美国历史最悠久的烟草公司。

3. 古巴是最大的雪茄出口国

自 1817 年西班牙国王费迪南德七世的政令颁布后，在十年之内，古巴的雪茄出口量达到 40.7 万支。二十年后，雪茄工业已经打下了非常坚实的基础，出口量狂增至 488.7 万支。烟草的极度流行使得古巴生产的雪茄出口量在 1840 年达到了 14160 万支，并在 1855 年达到了最高点 35660 万支，这个纪录至今仍没被打破。

4. 第一本雪茄读物和第一大手工雪茄工厂

1865 年，第一本雪茄读物在哈瓦那的埃尔·费加罗（El Figaro）工厂诞生，第二本于次年 1 月在帕塔加斯工厂诞生，不过它们在 1868—1878 年和 1895—1898 年间曾被古巴政府封禁。

1865 年，何塞·格纳（José Gener）在哈瓦那开创了好友蒙特雷品牌，他的工厂曾被认为是世界上最大的工厂，年产量达到 5000 万支雪茄。

5. 雪茄的机械化生产

1883 年，奥斯卡·哈默斯蒂恩（Oscar Hammerstien）取得了雪茄卷制机器的专利。

1890 年，基·韦斯特是佛罗里达州最大的城市，人口有

18786 人，其最大工业就是雪茄制造业，从事雪茄制作的工人超过 2000 人。1910 年后，随着 60 家工厂的建立，佛罗里达州的坦帕（Tampa）成为美国雪茄制造业的中心。

1903 年，唐爱德华多·莱昂·吉梅内斯（Don Eduardo Leon Jimenes）在多米尼加开设了拉·奥罗拉（La Aurora）工厂，很明显这是多米尼加的第一家雪茄工厂。直到如今，拉·奥罗拉仍然继续在它的起源地发展。

1920 年之后，高效的雪茄制造机器逐渐在美国占主导地位。1920 年以前几乎没有机制雪茄，到 1929 年，机制雪茄占到美国雪茄总量的 30%。斯坦福·纽曼（Stanford Newman）写道："在 1926 年，机制雪茄还只占美国雪茄的 18%；但到了 1936 年，机制雪茄就占据了 75% 的市场份额。"

三、雪茄的分类

1. 雪茄的定义

美国财政收入法规定，雪茄是由烟草或含烟草的物质卷制的卷状物，由于其外观、填充物中使用的烟草类型、包装和标签，很可能以卷烟的形式提供给消费者或由消费者购买的除外。由于对烟草制品按重量征税，美国以 1000 支雪茄重量为标准，将雪茄分为大雪茄（Large Cigars）和小雪茄（Little/Small Cigars），每 1000 支重量 3 磅（约 1.36 千克）为分界线，大于 3 磅的为大雪茄，小于 3 磅的为小雪茄。美国雪茄协会（Cigar

Association of America）将优质雪茄（Premium Cigars）定义为：使用 100% 烟叶，手工将茄衣、茄套、茄芯卷制起来的，没有滤棒、烟嘴，茄帽由手工制作的，每 1000 支 6 磅以上的雪茄。

欧盟烟草制品指令（DIRECTIVE 2011/64/EU）则规定，雪茄是通过吸食过程进行消费的烟草卷状物，包括：以天然烟叶为茄衣制成的烟卷；由混合烟片制成茄芯，以具有雪茄自然色泽的再造烟草为茄衣的烟卷。其中，茄芯为打叶烟片，采用雪茄颜色的材料或再造烟叶（薄片）做茄衣的雪茄，单支除去滤棒或烟嘴（如有）应不低于 2.3 克且不超过 10 克，且圆周长至少为长度的三分之一且不小于 34 毫米。单支 3 克以下的雪茄称为小雪茄烟（cigarillos）。

而目前中国《雪茄烟》国家标准（GB/T 15269.1–2010）对雪茄烟的定义为：用烟草做茄芯，烟草或含有烟草成分的材料做茄衣、茄套（如有）卷制而成，具有雪茄型烟草香味特征的烟草制品。

烟草行业对"中高端雪茄"的最新定义是：机制雪茄不含税调拨价 ≥ 3 元 / 支、手工雪茄不含税调拨价 ≥ 15 元 / 支。据此测算，机制雪茄零售价 ≥ 5.65 元 / 支、手工雪茄零售价 ≥ 28.25 元 / 支的产品属于中高端雪茄。一般来说，零售价 100 元以上的手工雪茄被认为属于高端手工雪茄。

2. 雪茄的类别

雪茄分类还有很多维度，有按产地来分的，也有按加工方式、颜色、形状、大小来分的，每种分类方法都取决于分类人群的角度。

（1）按照产地分类

雪茄最常见的分类方法是按主要产地来分，可分为古巴雪茄和非古雪茄。古巴雪茄使用的烟叶全部是古巴当地种植的，而非古雪茄则泛指非古巴生产的雪茄。目前非古雪茄的主要产地有多米尼加、尼加拉瓜、洪都拉斯等，正在高速发展的中式雪茄也受到全世界的关注。中国生产的雪茄逐步使用中国种植的烟叶，具有明显的东方香味特征和口感特征，能够满足中国广大雪茄消费者需求。目前中式雪茄的主要产地有四川、湖北、山东和安徽。

（2）按照颜色分类

传统的雪茄烟设计和制造工艺通常将雪茄茄衣由浅至深分为七种颜色，并以此表征雪茄的风味。

青褐色（Double Claro）：又叫坎德拉（Candela），在烟叶成熟前采收并快速烘干，叶子才会呈现这种颜色，清淡得几乎无味，含有少量的油脂。

浅褐色（Claro）：也被称为"自然色"，是温和型雪茄的标准色，如采用康涅狄格阴植叶做茄衣的雪茄。

浅棕色（Colorado Claro）：如采用喀麦隆烟叶做茄衣的多米尼加帕塔加斯雪茄的颜色。

红褐色（Colorado）：味道芬芳，经完整发酵成熟后的色泽。

深褐色（Colorado Maduro）：口感中等醇烈，气味较Maduro 更具芳香，风味醇郁丰富。

黑褐色（Maduro）：如浓郁的哈瓦那品牌玻利瓦尔雪茄的颜色，很适合雪茄老手享用，也被视为传统的古巴雪茄色泽。

近黑色（Oscuro）：口感极浓郁但不太有香味，现在已经很少生产和调制。

随着时代的发展，雪茄的颜色已经不局限于此。有时设计师们会设计出时尚的花纹，色彩斑斓，新颖独特。

（3）按照形状分类

雪茄按形状来分类，大致上分为规则雪茄（Parejos）和异形雪茄（Figurados）两大类。

规则雪茄，西班牙语统称 Parejos 雪茄，是雪茄产品的主要形状，即圆柱形烟体，侧边笔直，一端开口，另一端是半球形封口，"圆头平尾直边"，吸食时需要切开封口。

规则雪茄有三种基本尺寸，根据环径大小不同分为皇冠（Corona）、罗布图（Robusto）、丘吉尔（Churchill）。

皇冠是规则雪茄的基准尺寸，传统尺寸为长 5.6 英寸（142.24 毫米），环径 42（直径 16.51 毫米）。如今皇冠呈现出越来越大的趋势，如长城"盛世 5 号"，长度为 150 毫米，

分类	类型 (Shapes) 中文名	类型 (Shapes)	英制单位 (inches)						代表产品 英文名	代表产品 中文名	长城雪茄	
			主流长度	主流环径	长度	(区间)	环径	(区间)				
规则雪茄 Parejos	半皇冠	Half Corona	3 1/2	44	3 1/2	4	42	46	Hupman Half Corona	乌普曼半皇冠	红色132	
	小皇冠	Petit Corona	4 1/2	42	4	5	40	44	Montecristo No. 4	蒙特4号	盛世6号	
	罗布图	Robusto	5	50	4 3/4	5 1/2	48	52	Cohiba Robusto	高希霸罗布图	生肖	摘胜3号
	皇冠 (高期拿)	Corona	5 1/2	42	5 1/2	6	40	44	Montecristo No. 3	蒙特3号	盛世3号	
	高达皇冠	Corona Gorda	5 5/8	46	5 1/2	6	46	44	Punch Punch	潘趣潘趣	长城胜利	
	朗斯代尔	Lonsdale	6	42	5 1/2	7	40	44	Montecristo No. 1	蒙特1号	传奇3号	盛世5号
	潘内特拉	Panatela	6	38	5 1/2	7	35	39	Davidoff NO.2	大卫杜夫2号	长城3号	
	公牛	Toro	6	52	5	6	50	56	Davidoff Nicaragua Toro	大卫杜夫尼加拉瓜公牛	摘胜1号	
	丘吉尔	Churchill	7	48	6 3/4	7 7/8	46	50	Romeo y Julieta Churchill	罗密欧朱丽叶丘吉尔		
	长潘内特拉	Long Panatela (gran Panatela)	7 1/2	38	7	+	35	39	Cohiba Lancero	高希霸长矛		
	双皇冠	Double Corona	7 1/2	52	6 3/4	8 1/2	49	54	Hoyo de Monterrey Double Corona	好友双皇冠		
不规则雪茄 Figurados	鱼雷	Torpedo							Cuaba Millennium	库阿巴富翁	传奇1号	
	金字塔	Pyramid							Montecristo No. 2	蒙特2号	筑圭尔	
	完美 (双鱼雷)	Perfecto							Partagas Presidente	帕塔加斯总统		
	标力高	Belicoso							Bolivar Belicoso Fino	玻利瓦尔标力高 (BBF)		
	盘蛇	Culebra							Partagas Culebra	帕塔加斯盘蛇		
	迪亚德马	Diadema							Hoyo de Monterrey Diadema	好友迪亚德马		

环径 45。

罗布图是一种短胖的规则雪茄，传统尺寸为长 5—5.5 英寸（127—140 毫米），环径 50（直径 19.80 毫米）。长城"揽胜 3 号"可以归类为罗布图，它的长度为 124 毫米，环径50。

丘吉尔雪茄是一种较长较粗的皇冠雪茄，得名于二战时的英国首相温斯顿·丘吉尔，他钟爱此规格的雪茄。传统尺寸为长 6.75 英寸（171.45 毫米），环径 48（直径 19.05 毫米）；长 7 英寸（177.8 毫米），环径 50（直径 19.84 毫米）。如罗密欧与朱丽叶丘吉尔。如今在此基础上变化的短丘吉尔、宽丘吉尔款型（如长城"132 奇迹"）也非常受欢迎。

异形雪茄又叫不规则雪茄，指不是圆柱形的特殊形状雪茄，西班牙语称为 Figurado，主要有金字塔（Pyramid）、鱼雷（Torpedo）等。

虽然市场上的大多数雪茄都是规则雪茄，但异形雪茄近几年重新风靡，尤其受到那些想要与众不同的雪茄客的追捧。

鱼雷雪茄头部是锥形，中间部分比较凸出，可分为双尖鱼雷和单尖鱼雷（由尾部是否封闭决定），例如长城"传奇 1 号"。

金字塔雪茄指那些尾部敞开，顶部是锥形，茄身也是锥形的雪茄。一般长度为 6—7 英寸（152—178 毫米），顶部的环径为 40，尾部的环径为 52—54。这种尺寸的雪茄很值得珍藏，因为它顶部锥形区的口感很丰富。如长城"唯佳联名版金字塔"，其长度为 152 毫米，环径 52。

所罗门（Salomon）是一种尺寸较大的款型，一般六七英寸或更长，环径在 50 以上，有着锥形头部和奶嘴状尾部。由于形状特殊，它对卷制技巧要求较高，一个工人一天的产量不到常规款型产量的一半，因此价格也较高。如长城"GJ6 号"，其长度为 184 毫米，环径 57。

（4）按照加工方式分类

雪茄按照加工方式可以分为手工雪茄、机制雪茄、半机制雪茄。

手工雪茄指整支雪茄完全经由人手卷制，通常使用长芯作为茄芯，茄衣、茄套和茄芯都由经验丰富的雪茄工人在简单的工具辅助下卷制成型。

机制雪茄指整支雪茄由内到外全部由机器制造，使用短芯茄芯，通常是零碎的烟叶；一般使用薄片茄套。

半机制雪茄指使用机器卷成束状茄芯，之后由人工卷上茄衣制成的雪茄。

（5）按照重量分类

雪茄可以按照重量分为大号、中号、小号和微型雪茄。$m \geq 6g/$ 支的为大号雪茄，$3g \leq m<6g/$ 支的为中号雪茄，$1.2g \leq m<3g/$ 支的为小号雪茄，$m<1.2g/$ 支的为微型雪茄。

（6）按照口味分类

雪茄还可以根据口味分为淡味型、温和型和浓郁型。

第二章　雪茄文化

一、"雪茄"是什么

《雪茄圣经》中说：雪茄是一种具有历史文化意义的商品，早在哥伦布发现美洲的数百年前，雪茄就已经是特定情况下的宗教仪式用品，是当地人文化和宗教生活的固定组成部分。

如今，雪茄扮演着完全相反的角色，是纯粹的享乐品。晚上，大家结束白天劳累的工作，点燃一支雪茄，尽管知道即将到来的是惬意的享受，但也明白品吸雪茄所要求的专注。

雪茄不像香烟，直接抽一口就行了，当然这也是这两种烟草产品最本质的区别，抽香烟很容易上瘾，但一天抽一到两支雪茄却更多是享受，而不是烟瘾。于是这里便形成一个回归：品吸雪茄这种高雅的行为如今还有很多仪式——每一个雪茄爱好者都能够证明这一点。

《雪茄的历史》中说：雪茄是思想家显示智慧的权杖，是革命者挥洒激情的武器，是文学家获取灵感的阶梯，雪茄永远是浅薄、焦虑和乏味的敌人；雪茄是"神赐的第十一根手指"；雪茄是一种文化和艺术，是一种生活方式，是一种享受的仪式，也是感悟人生的过程，它超越了人类对烟草的一般意义的渴望。对男人而言，雪茄象征着成熟、冷静、富有、热爱生活、享受孤独，而且珍惜友谊的品质；对女人而言，雪茄是妩媚的语言，代表一种时尚的品位和雍容的姿态，因为雪茄就是姿态，烟雾就是语言。

1492年，哥伦布和他的船队在伊斯帕尼奥拉岛发现烟草，随后将烟草种子从美洲大陆传播到西班牙，由此拉开了雪茄在全世界发展的历史大幕，先后有很多名人与雪茄结下了不解之缘。从爱德华七世、巴顿将军、罗斯福、丘吉尔、切·格瓦拉，到克林顿、鲍威尔、卡斯特罗、穆沙拉夫，这些世界上的重量级男人都是雪茄爱好者。

雪茄浸透了中美洲的阳光雨露，这里独特的土壤和气候，造就了雪茄醇厚的品质、馥郁的芳香以及隽永的回味。应该说，雪茄和咖啡、红酒一样，也是一种高级人生享受。哈瓦那雪茄在社会上的地位，是应该和蓝山咖啡、波尔多红酒排在一起的。有一首据说出自拜伦之手的赞美雪茄的诗曾经流传于世，大意是"给我一支雪茄，除此之外，我别无他求"。这种芬芳奇妙的享受所带来的乐趣造就了无数的雪茄信徒。现在，对男人和女人来说，雪茄更是成了比以往任何时候都具有时尚气息的选择。

二、雪茄与名人

1. 菲德尔·卡斯特罗：品尝雪茄即品味生活

古巴原领导人菲德尔·卡斯特罗是一名忠实的雪茄客，年轻时他就与雪茄结下了不解之缘。在各种场合，大家时常会看到他手夹雪茄，或陷入沉思，或高谈阔论。他曾说："人们通常是在饭后抽雪茄，闻其香气，体味生活之美。"

2. 丘吉尔：生命已逝，雪茄不熄

在各种媒体报道中，英国原首相丘吉尔总是雪茄不离身。即使在他逝世时，侍从发现他的手里还夹着一支点燃的雪茄。雪茄成了他人生中最后的忠实伙伴。

有人估计，他每天最少抽 10 支雪茄，终其一生大约抽了 25 万支雪茄，总重量达到 3000 千克。

3. 切·格瓦拉：雪茄是我生命的一部分

切·格瓦拉是一位阿根廷出生的革命斗士，他始终将抽雪茄视为生命中必不可少的一部分。作为卡斯特罗的得力助手，

19

格瓦拉只允许自己有两个嗜好：书籍和雪茄。正如他所写的："雪茄是我生命的一部分。它是枪，它是道德，某些时候帮助我战胜自己。"

4. 马克·吐温：如果天堂里不能抽雪茄，我是不会去的

马克·吐温在很年轻时就已经喜欢上了雪茄。结婚后他曾试图戒掉雪茄，却发现不抽雪茄了，写作的灵感也随之消失，一个星期只写了两章。后来他重新抽起雪茄，3个月不到就完成了《艰苦岁月》的剩余部分。

1883年，他在一篇散文里道出了他的切身体会："雪茄带来写作灵感。"

5. 海明威：老人、海与雪茄

美国著名作家海明威对于雪茄非常迷恋。在古巴期间，他每天沉迷于雪茄和朗姆酒，并时常乘船到海上捕鱼，著名的海明威系列雪茄就是因他而来。因为海上风浪大，雪茄不容易点燃，他每次出海前都会用小刀将雪茄两端削尖，从而创造了一种新样式的雪茄。

在古巴期间，也是在雪茄燃放的缭绕烟雾当中，他写出了《丧钟为谁而鸣》《老人与海》等代表性作品。

6. 马克思：叼着雪茄完成创作

伟大的共产主义导师马克思也是一名十分忠实的雪茄客，无论是工作的时候还是休息的时候，他的嘴里总是叼着一支雪茄。他就是在雪茄香气缭绕的气氛中完成了很多作品的写作。

7. 西格蒙德·弗洛伊德：与雪茄的甜蜜之吻

奥地利著名心理学家弗洛伊德，不论是给病人治疗时，还是思考和写作时，手里常常夹着一支雪茄。他曾说："一个男人没有接吻的时候，雪茄是不可或缺的。""我抽雪茄五十年了，它给了我保护，也是我斗争的武器。这五十年，雪茄大大提高了我工作的能力，也大大加强了我的自控力。"

弗洛伊德的全部作品几乎都是在雪茄的缭绕烟雾中写出来的。在他看来，雪茄是自制和顽强的象征。他的许多心理分析理论都是雪茄给他的灵感，雪茄成就了他，陪他走过了漫长的一生。

8. 徐志摩的"白如雪"

雪茄客们大多认为中文的"雪茄"出自诗人徐志摩，并爱讲述这样一个小故事：1924年，徐志摩在上海的一家私人会所约请大文豪泰戈尔。泰戈尔也是雪茄客，两人同享之时，泰戈尔问徐志摩："Do you have a name for cigar in Chinese?"徐志摩答："cigar之燃灰白如雪，cigar之烟草卷如茄，就叫雪茄吧！"两位文坛大师的一次笑谈，赐予了Cigar如此美好的中文名字。然而事实上，在晚清文学家李宝嘉（1867—1906）的长篇小说《官场现形记》里，已经出现了"雪茄"这个名称。

9. 贺龙：元帅的嘱托

1949年12月，贺龙元帅率部由陕入川，配合刘邓大军解放西南各省。西南军区成立后，贺龙任司令员常驻四川，从此与四川烟草结下不解之缘。1954年，贺龙元帅调到中央工作，但他仍然非常关心四川地方经济社会的发展。

1958年3月，政治局扩大会议在成都召开，讨论通过了《关于发展地方工业问题的意见》。当年，"长城"品牌建立，由四川省轻工业厅牵头、郑州烟科所及国内九家烟厂共同参与，成立了"四川省高级雪茄烟试制委员会"，办公室设在益川烟厂（长城雪茄厂前身），举全国烟草行业力量共同攻克"长城"工艺技术难题，从原料发酵、烟叶配方到产品造型、卷制技术、生产设施等全方位攻关，先后做了178个配方的试验，1959年试制出甲级"长城"牌雪茄并投入生产。当年8月，益川烟厂向国务院轻工业部科学研究院烟草研究所寄出样品，得到肯定的评价。

1960 年，长城牌雪茄由中国国际贸易促进委员会送往几内亚、阿联酋、加纳等八个国家举办的展览会上展出。

1965 年 3 月 15 日，国务院副总理贺龙到四川视察工作，在四川省政府礼堂专门接见了益川烟厂党委书记李振明等三人，对该厂试制的高级雪茄做了积极的评价，也指出不足之处，并鼓励说："你们要把雪茄烟外包皮（茄衣）这道难关攻破，几年内将相应的问题一个个地解决好，把东亚雄狮的声望树起来！"其间，贺龙副总理还特地转赠了古巴赠送的雪茄以供研制参考。在领导的关怀下，工厂加速研究并改进了相关工艺。

1967 年，长城牌雪茄正式销往中国港澳地区和东南亚，这是中国 1950 年以来首次进入国际市场的雪茄产品，赢得了"价廉物美"的普遍赞誉。香港德信商行反映："有一批爱抽'长城'的顾主，要求供应不断线。"次年，出口量扩大了六倍。1969 年，出口量猛增到 216 万支。

1970 年，应国务院轻工业部的要求，工厂寄出长城牌雪茄25 支装两盒、10 支装和 5 支装各 20 盒，参加第 17 届大马士革国际博览会，一举夺得大马士革国际博览会金奖，享誉海外。

10. 毛泽东：伟人的眷恋

在长城雪茄的发展历史中，"132"是一个非常特殊、神秘的数字，它承载了无数的荣耀与传奇，在坊间留下了秘史般的传闻，被称为"132 秘史"。虽然已过去数十年，这段历史依旧为人津津乐道。

1964 年，毛主席身患感冒，抽烟后咳嗽很厉害。贺龙看到后，便向毛主席推荐什邡雪茄，说抽这种烟咳嗽会明显减轻。毛主席抽后既过瘾又不咳嗽，从此便爱上了这种产自益川烟厂（现四川中烟长城雪茄烟厂）的雪茄。为了完成供烟任务，工厂慎重研究，筛选政治可靠、技术过硬的工人，成立特供雪茄卷制小组，专门负责生产特供雪茄。经过技术攻关，工厂一共研制出 35 个配方，其中 1、2、13、33 号成为选定产品。当时有人推荐毛主席选择 1 号雪茄，毛主席回答说"人民始终是第一位，1 号是属于人民的"，因此选择了 2 号雪茄。2 号雪茄属于味道比较淡、有食指那么粗的中号雪茄。李先念等其他领导人选定的是味道相对浓郁的 13 号雪茄。每月工厂将卷制养护好的雪茄烟交给成都军区，再由成都军区派专人送至北京中央警卫局。

1971 年之后，中央办公厅和北京市委决定，由中央警卫局派专人到卷烟厂监督特供烟生产全过程。同时，北京市委从北京派烟草技工到什邡"取经"，但是失败了。后来中央办公厅决定将卷制生产小组迁到北京，在北京为中央领导卷制特供雪茄。基于特供烟生产场地安全、保密、方便的考虑，生产小组放弃了在人员众多的北京卷烟厂"落户"的打算，而选择了僻静的南长街 80 号，对面就是门牌号为 81 号的中南海。特供烟卷制组对外称"360"信箱，对内则称"132"，这就是"132 秘史"的由来。

毛主席于 1976 年 9 月 9 日逝世后，华国锋、李先念、姚依林以及几位民主党派的主席、副主席仍然抽着 13 号雪茄。1976 年底"132"停止生产，1984 年"132 小组"正式宣布解散。但这·段历史将永远是什邡雪茄乃至中国烟草的荣耀。

11. 邓小平：国礼的荣耀

1978 年是中国历史上具有跨时代意义的一年，百废待兴，改革开放也蓄势勃发。这一年，74 岁的邓小平接连出访了七个周边国家，力图冲破束缚，增进地区友谊。

1957 年和 1960 年，周恩来总理曾两次访问尼泊尔。周总理一直想飞越喜马拉雅山脉到尼泊尔，但未能如愿。直到 1978 年，邓小平替他实现了愿望。

1978 年 2 月 3 日，应尼泊尔王国首相基尔提·尼迪·比斯塔的邀请，邓小平乘坐飞机飞越了世界屋脊喜马拉雅山脉，在加德满都特里布万机场降落，开启对尼泊尔的正式友好访问。为表达邦交友谊，经时任四川省委领导推荐和小平同志亲自审定，长城雪茄和中国独有的珍稀植物水杉被带到尼泊尔，作为国礼赠予尼泊尔国王比兰德拉。

长城雪茄，在很多关键的节点上见证了历史的推进和演变。中尼邦交，长城雪茄再次肩负殊荣，以"国礼"规格成为邦交友谊的独特见证。作为国礼的长城雪茄，何以能有此殊荣？除却传承百年的制茄工艺锻造的优良品质，更为重要的是在那个特殊的年代，长城雪茄被国家领导人视为在重要场合对外交流、传递邦交友谊的特殊载体。将新中国最好的雪茄赠给外国首脑，本身就是一种"开放"态度的表达，是邦交友谊的主动诠释。

12. 理查德·尼克松：破冰的见证

1972 年，美国总统理查德·尼克松访华，这次不一般的出访活动被称为"破冰之旅"。正是这次外交活动，推动了中美外交关系的建立，推动了世界和平与经济发展。

上世纪 60 年代末至 70 年代初，中美双方出于共同的战略需要，均希望双方关系走向正常化。在经过一系列秘密沟通和准备后，1972 年 2 月 21 日，尼克松乘专机抵达北京，与周恩来总理实现了历史性的握手。在为期一周的访问中，尼克松总统会见了毛泽东主席，同周恩来总理进行了会谈。双方就国际形势和中美关系交换了意见，签署并发表了《中华人民共和国和美利坚合众国联合公报》（"上海公报"），尼克松称这是"改变世界的一周"。

尼克松总统在北京期间，被安排下榻钓鱼台国宾馆 18 号楼。按照周总理的要求，国宾馆对房间进行了粉刷，更换了新的家具，在房间里的陈设柜中摆放了精心挑选的青铜器、瓷器和玉器。周总理还亲自安排在尼克松楼上的餐厅里悬挂了毛主席的《七绝·为李进同志题所摄庐山仙人洞照》。后来他向尼克松解释道："这首诗的最后一句是'无限风光在险峰'。你到中国来是冒了一定的风险的。"

由于提前对尼克松总统的个人特点和生活习惯进行了研究，了解到尼克松喜欢抽雪茄，周总理还精心安排在尼克松房间的酒台上摆放了一盒长城牌雪茄。漫漫长夜，长城雪茄就成了提神解乏最好的伴侣，以至于他在回忆录中写道："那天晚上我上床以后久久不能入睡。到早上 5 点钟，我起来洗了一个热水澡。我回到床上后，点燃了一支主人体贴地提供的中国制'长城牌'雪茄烟。我坐在床上一面吸烟，一面记下这一星期里具有重大意义的事件……"

第三章 中式雪茄的诞生与发展

一、中国近代雪茄简史

雪茄传入中国的时间目前没有定论，据推测16世纪中下叶至17世纪前期，即明朝万历年间，烟草从东南亚传播到中国。明代姚旅所撰的《露书》云："吕宋国出一草，曰淡巴菰，一名曰醺。以火烧一头，以一头向口，烟气从管中入喉，能令人醉，且可辟瘴气。有人携漳州种之，今反多于吕宋，载入其国售之。淡巴菰，今莆中亦有之，俗曰金丝醺，叶如荔枝，捣汁可毒头虱，根作醺。"成书于清乾隆十六年（1751年）的《澳门纪略》记载："烟草可卷如笔管状，燃火，食而吸之。"据说这种"卷如笔管状"的烟草，就是雪茄。当时广东一些产烟区如廉江、鹤山、新会、清远、南雄、大埔等地，都有将烟叶片卷成笔管状（俗称叶卷烟）吸食的习惯。雪茄烟最初依靠进口，吸食的人多了，在沿江沿海商贸发达的城镇就出现了小规模的雪茄烟生产作坊。

民间传闻，17世纪中期，湖南人曾明孝跟随同伴从广东下南洋谋生，漂洋过海来到吕宋岛，以种植甘蔗为生。当时的菲律宾烟叶种植已十分普遍，曾明孝跟着当地人学抽叶卷烟，并掌握了烟叶种植技术。1668年左右，曾明孝带着挣来的家当和烟草种子从吕宋返回中国湖南，后又与家人一起迁往四川境内，并在什邡安家拓荒，开启了什邡乃至中国雪茄烟叶的种植历史。

清光绪二十一年（1895年），四川省中江县的吴甲山、游福兴合伙开办了一个手工雪茄烟作坊。同年10月，郑馥泉、杨星门、杜杰卿等广东商人在上海英租界三马路口组建了以销售雪茄烟为主的永泰栈，并在菲律宾开设泰记烟厂，利用当地烟叶制造绿树牌和真老头牌雪茄，运抵上海销售。至此，手工叶卷雪茄烟由自吸转变为商品，并形成产业。此后十余年时间里，在什邡当地，各种品牌、各种价位的雪茄烟如雨后春笋般不断涌现。

光绪三十三年（1907年），广东新会县人创办了一家雪茄烟厂，挑选本地驰名烟叶，如法炮制雪茄烟。同年，长期经营四川晾晒烟的云南省昆明铨盛祥商号，取积压已久的二等烟切丝作芯，用金堂头烟穿皮（包皮），制作70×12毫米10支装的福寿牌雪茄烟。

20世纪初，四川的什邡、中江都建有规模较大的雪茄烟厂，以什邡的毛烟、新都的柳烟、郫县的大烟、绵竹的泉烟作为主要原料。同时，浙江亦开始生产雪茄烟，主要在丽水、嘉兴、温州、衢州等地。

民国初期，广东、上海等沿海对外开放地区，吸食雪茄烟的人增多，雪茄烟生产依托消费市场也发展很快。广州及附近兴办的大小雪茄烟厂达100多家，而上海一地就有福记、万利、永通、吕宋、南方、华利、老裕泰、上林等 20 余家。至第一次世界大战结束，国产雪茄生产企业陆续被淘汰或转业，广东仅剩汉昌公司一家维持生产，上海除福记雪茄烟厂外，其余厂家纷纷倒闭。

20 世纪 20 年代，民国政府开征雪茄烟捐，由于成本加重，外商雪茄烟厂停业，而民族雪茄烟厂有了新的发展。上海民族资本的雪茄烟厂增至 19 家，从业人员达 800 余人。四川由于雪茄烟的原料充足，发展很快，生产集中在什邡、中江、万县等地，其中什邡有 30 家、万县有 5 家。此外，山东兖州、浙江桐乡、云南昆明、广西柳州等地也有雪茄烟生产。

20 世纪 30 年代初期，各阶层人士纷纷投资兴办雪茄烟厂，中国雪茄业呈蓬勃发展之势。除上海以外，山东兖州生产形成规模，四川中江县雪茄烟生产进入鼎盛时期，大小厂坊有 200 余家。广西、湖南、贵州、陕西、云南等地也建有雪茄厂。

二、中国现代雪茄简史

20 世纪 50 年代，雪茄烟生产集中在上海、四川、山东、浙江等地，广东、贵州等省也有零星生产。三年自然灾害时期，四川和上海雪茄烟厂产量锐减，广东雪茄烟生产处于停产、半停产状态，山东兖州雪茄烟厂也于 1964 年下马停产，浙江桐乡雪茄烟厂于 1966 年停办。"文化大革命"时期，雪茄烟的生产受到较大影响。

1959年1月，卡斯特罗及切·格瓦拉领导古巴起义军推翻了亲美的巴蒂斯塔政权，建立了革命政府。次年9月28日，中古建立邦交关系，古巴也成为西半球第一个与新中国建交的国家。

1960年11月18日，时任古巴国家银行行长的切·格瓦拉率领古巴经济代表团到中国访问。周恩来总理设宴接待切·格瓦拉一行，在宴会上，切·格瓦拉用法语向周总理提出了一个"最恳切的要求"："我从古巴出发时，菲德尔·卡斯特罗和劳尔·卡斯特罗要求我到中国后，一定要见到毛泽东主席，这也是我的热切期望。"

11月19日，切·格瓦拉在中南海勤政殿与毛泽东主席会面，见到偶像的他一句话也说不出来，反而是毛主席先开口说："你好年轻哟！"一句话让现场气氛活跃起来，切·格瓦拉也才打开话匣子。会面后，毛主席宴请切·格瓦拉一行，席间聊到抽烟的爱好，切·格瓦拉极力推荐古巴雪茄，并表示要向毛主席赠送一些。毛主席笑着拒绝了，他说，我不能因为个人喜好就要你们送我礼物，古巴雪茄是好东西，我知道，但这个好东西要拿来给古巴人民换粮食、换工业、换现代化才更好。切·格瓦拉点头称是，便不再提及。而陪同接待的李先念副总理却将此事记在了心上。

后来，切·格瓦拉与李先念副总理签署了经济合作协定，并发布了联合公报。李先念总理私下与切·格瓦拉联系，提出想派遣工人前往古巴学习雪茄种植、发酵、配方及卷制等技术的请求。切·格瓦拉表示欢迎，并表示将安排最好的技术人员对中方人员进行培训，期待促成此事。

李先念将此事告知贺龙元帅，贺龙元帅当即建议到自己正在抽的雪茄烟的产地四川什邡去找人，他们手艺不错，有基础。后来经过调查和研究，选调了三名政治过硬、技术过关的工人，并从外交部抽调一名年轻翻译陪同前往。1962 年 5 月，该秘密小组从北京到莫斯科，再到布拉格转机到达哈瓦那，切·格瓦拉安排了专人陪同配合。小组对古巴雪茄从种植到最后卷制的全部流程进行了系统学习，于 1963 年初返回中国，并引进了古巴烟叶品种回国种植，种植地正是如今的"中国雪茄之乡"——什邡，而前往古巴的三名工人是范国荣、刘忠贵及黄炳福三位国宝级大师。

1967 年，使用本土栽培改良古巴烟叶的长城雪茄因其国际化的口感、优良的品质、独特的风格，长期免检出口港澳台和东南亚诸国，并先后荣获大马士革国际博览会金奖、巴拿马国际博览会银奖，得到了国际市场的高度认可。1978 年邓小平访问尼泊尔，更是将长城雪茄作为国礼带出国门。

1976 年后，各省纷纷恢复生产雪茄烟，一时呈繁荣之势。

进入 21 世纪后，雪茄型卷烟逐渐减少，而手工雪茄逐渐增多。目前，烟草行业仍保留四川中烟工业有限责任公司（四川什邡）、安徽中烟工业有限责任公司（安徽蒙城）、湖北中烟工业有限责任公司（湖北宜昌）、山东中烟工业有限责任公司（山东济南）等四家雪茄生产基地。

三、中国雪茄产业成形阶段

中国烟草总公司成立之初，国内雪茄工厂分布散乱，规模偏小，无序兼并重组乱象丛生。同时，市面上存在大量非法雪茄手工作坊，由于缺乏监管，产品质量参差不齐，市场恶性竞争普遍，市场秩序受到严重破坏。

1982年1月1日，中国烟草总公司成立，之后通过建立专卖体制，对各零散雪茄工厂进行合并重组，对非法雪茄手工作坊予以取缔，改善了雪茄产业环境，建立了更加规范的市场秩序，逐步实现了中国雪茄产业发展的规范化、集约化。如什邡县内的雪茄烟生产企业从之前的70余家，逐步整合兼并至1982年只剩什邡卷烟厂一家。同时，专卖体制的实行有力地促进了雪茄生产企业产销量的大幅攀升，国产雪茄产业得以快速发展。如什邡卷烟厂的雪茄产品产销量在1986年达到了8.87亿支，是工厂有史以来最高产量，居全国第一，并于2003年恢复了停顿13年的雪茄产品出口业务。烟草专卖体制下的集约式发展模式一直延续至今，现在国家烟草局许可生产雪茄的工业企业也仅有四川、湖北、安徽、山东四家中烟公司。

四、中国雪茄产业高质量发展阶段

在发展的初期阶段，中国雪茄产业基础管理整体较薄弱。与国内卷烟产业相比，雪茄产业在原料、产品、装备、管理、队伍等方面尚不成体系。同时，专卖体制实施后，国内的雪茄营销刚刚起步，国内消费市场对国产雪茄的接受度和认可度还较低，工业企业对雪茄发展方向尚不清晰，缺乏可学习借鉴的参照。面对现实的困难，国家烟草局以及各雪茄工业企业均采取摸索前进的方式找寻突破口。

进入21世纪，国内四家雪茄生产企业，先后提出文化内涵彰显中国元素、产品口味适合中国消费者偏好、营销模式形成中国特色的"中式雪茄"概念。如四川中烟基于中国消费者对香气和口感的需求，结合国产雪茄烟叶特点，总结提炼雪茄风味特征，率先提出以"醇、甜、润、绵"为产品特征的中式雪茄"醇甜香"品类风格，并联合工商研技术团队，从物质基础、烟叶原料、发酵技术、醇化养护等方面进行雪茄全方位、全链条的系统研究，构建中式雪茄技术体系和技术优势，技术水平不断提升，产品日益得到中国消费者接受和喜爱。

总体来看，由于管理体制逐渐理顺所带来的天时、装备水平快速扩张所拥有的地利、工艺技术不断提升所具备的人和，中式雪茄自2018年起得到了集中的爆发，如长城手工雪茄年产量历史性突破100万支，成为中国雪茄产业发展历程中的又一个新里程碑。在随后的几年里，长城雪茄始终保持翻番式增长的强劲发展势头，用三年时间使手工雪茄销量从百万级跨入千万级的新平台。

第四章 探秘益川老坊

一、益川老坊的起源和发展

益川老坊坐落于四川省什邡市长城雪茄烟厂内，是为了复原益川工业社当年的生产场景和工艺技术而建的，它一方面复原中国雪茄工业的诞生和发展历程，另一方面展示中国雪茄百年生产技艺。

1.益川工业社开创了国产雪茄的工业化道路

位于川西平原的什邡，明末清初就开始种植烟叶，距今已有四百余年历史。当地几乎家家户户都有卷制雪茄的技术，所生产的优质雪茄被称为"金坛雪茄"。这些雪茄销往外地，因独特的味道逐渐在国内小有名气。

清光绪二十一年（1895 年），中江人吴甲山、游福兴在中江县城开设雪茄烟家庭作坊，利用什邡种植的优质烟叶，手工卷制成圆条形烟支出售。这是四川第一家商业性卷烟作坊。这一时期，四川省各地陆续出现商业性卷烟生产，虽均为手工作坊，但也在逐渐改变烟草消费习俗，促进了烟草的商品化生产和行销，对四川的烟叶生产具有重要意义。

1918 年，中国第一家专业化雪茄生产作坊益川工业社诞生于四川德阳地区，创始人是什邡县人王叔言。他将周边自产自销雪茄的资源整合在一起规范生产，统一生产过程，合理利用原料，逐步实现技术突破，摸索出了中国雪茄市场的发展方向。

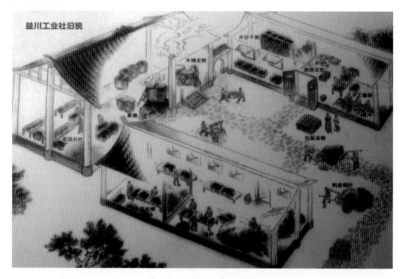

益川工业社复原图

中国雪茄以什邡益川工业社的成立为标志，逐步走上了工业化的发展轨道，开创了一段雪茄发展的传奇。1937年，益川工业社大量雇工生产，可日产雪茄2万支，为当时川内最大厂坊之一，并带动什邡、绵竹一带的雪茄烟产业迅速发展。由于其产品畅销，川内其他地区烟商亦纷纷开设作坊仿制，手工卷烟开始批量商业化生产。其后湖北、山东、安徽、广东、上海等地也都陆续投资兴厂。

2.益川工业社的发展是中国雪茄工业发展的历史缩影

1949 年以后，为了发挥什邡雪茄和名优晾晒烟产地的优势，益川工业社改名改制为什邡卷烟厂，逐步形成独特的工艺及技术标准，在中国这个雪茄生产并不十分发达的国度产生了很大影响。

益川工业社和什邡卷烟厂石牌匾

二、益川老坊雪茄秘制工艺

在益川工业社的作坊中，制作雪茄需要完成11道传统工序，分别是购进烟叶、烟叶整选、去梗理皮、等级分叶、木甑蒸烟、散热去杂、木桶发酵、水分平衡、手工卷制、烘焙定型、包装运输。下面将结合长城雪茄制作工艺进行介绍。

制作工艺是将产品从设计推向生产的关键一环。长城雪茄在传承益川老坊百年雪茄传统技术的基础上，结合目前国内外市场对雪茄品质的要求，对雪茄生产的工序进行细化，并就各关键工序的相关技艺进行深入研究和总结，通过不断挖掘提炼，在烟叶种植、原料研究、配方设计、加工卷制、醇化养护等方

面形成了多项特色工艺技术，创新形成了多个核心工艺，在国内处于领先地位，代表了中国雪茄的最高技术水平。

1. 低温冷冻

雪茄烟叶是一种农业加工产品，在种植和后续加工的过程中，难免会携带一些虫卵。当储存烟叶的环境适合虫卵孵化，生出的虫子便以烟叶为食，而且大量繁殖，不管是烟叶还是烟支，都会失去使用价值。

现代化工业生产规模较大，为了消除虫卵在后期孵化的隐患，长城雪茄采用冷冻处理技术对雪烟原料进行灭杀，在杜绝药物对原料污染的同时，固化了烟叶致香物质，保持了原料香气吃味的本香特质。

2. 去梗理皮

烟叶中间的叶脉即主脉。主脉通常较粗，如果卷制进雪茄，雪茄的表面会坑坑洼洼，看起来不美观；同时，主脉燃烧性较差，杂气和刺激性较大，卷制进雪茄后会造成燃烧不正常且易出现不良气息，因此需要将全部或部分主脉从叶片上剥离，这个过程就称为"去梗"。不管是茄衣、茄套还是茄芯烟叶，都要先进行去梗这个操作。去梗后，将烟叶从皱缩的状态拉伸为平展状态，称为"理皮"。

益川老坊的去梗理皮完全由人工完成，烟叶主脉从烟叶中剥离后，将左右两片叶片分别手拉平展重叠摆放。

在长城雪茄制茄工艺中，去梗有人工去梗和机械去梗两种方法。根据使用的要求，按照去除主脉的多少，去梗又分为全去梗和蛙腿去梗。人工去梗可实现茄衣、茄套和茄芯烟叶的全去梗和茄芯烟叶的蛙腿去梗,机械去梗可用于三种烟叶的全去梗。在去梗理皮的过程中,还要将烟叶中霉变、污染、异味、有严重虫蛀等不合格的烟叶挑选出来,以保证进入卷制环节的都是质量最佳的烟叶。

人工去梗是通过手工操作完成烟叶主脉全部或部分去除的操作过程,分为全去梗和蛙腿去梗两种方式。全去梗即将烟叶主脉全部去除;蛙腿去梗是指将茄芯烟叶上直径大于 3mm 的主脉去除,因形状类似青蛙后腿而得名,蛙腿去梗对于保证雪茄配方一致性有较好的效果。

人工去梗操作

全去梗后的叶脉和叶片

去梗后的蛙腿烟叶

机械去梗即借助去梗设备去除叶脉的过程。机械去梗常用两种设备，一种是用于雪茄烟叶全去梗的去梗专用设备，可用于茄衣、茄套和茄芯烟叶的去梗；另外一种是大型的打叶去梗机，主要用于叶片式茄芯烟叶的制作，经过打叶去梗机的操作，叶脉从叶片中脱离，同时可根据使用要求将烟叶制作成不同尺寸的叶片。

叶片式茄芯烟叶

3. 整选分级

益川工业社卷制雪茄多采用什邡和新都特定地区生产的烟叶。当时雪茄烟叶收获后采用晒制的方式进行调制，经过初步的堆垛发酵，烟叶被打包成捆并送至益川工业社。这些烟叶与现代种植技术下生产的烟叶相比质量相差较大。因此，当时茄衣烟叶的整选分级，是在所有的烟叶中挑选质量较好、完整度较高的烟叶，茄套和茄芯烟叶主要是按照烟支规格尺寸进行整选。

长城雪茄整选分级工艺，从烟叶功能和烟支尺寸出发，以烟叶最优利用为目的，对不同烟叶提出不同的要求，按照各雪茄的规格和配方使用要求，将烟叶分为不同级别分别使用。

（1）茄芯和茄套烟叶的整选分类

茄芯烟叶的整选分类，首先是按照尺寸分类。将烟叶划分为4—5个长度范围，在整选时分类摆放，每一个茄芯烟叶长度范围都对应一个长度范围的雪茄烟支，以最大化利用烟叶。同时，为了保证产品结构的稳定性，对茄芯烟叶的完整度也有一定要求。

茄套烟叶和茄芯烟叶类似，主要是按照尺寸分类，同时要求具有一定的完整度，能完全包裹对应尺寸的烟支，保证烟胚外观的完整性。

（2）茄衣烟叶的整选分类

茄衣烟叶是整个雪茄的最外层，决定着消费者对产品的第一印象，因此，茄衣烟叶的整选分类标准相对更为严格，需要衡量烟叶颜色、颜色均匀性、尺寸、有效使用面积、完整度、身份、叶脉粗细和斑点多少等多个因素。

目前国际市场将茄衣烟叶分为七类：青褐色、浅褐色、浅棕色、红褐色、深褐色、黑褐色、近黑色。其中每一类都代表了一组接近的颜色。雪茄生产者会根据产品整体风格来选择对应颜色的茄衣，如浅色系的茄衣通常用在较为柔和的雪茄上，深色系的茄衣主要用在浓度较大、劲头较足的雪茄上，这样消费者更容易分辨雪茄的风格特征，从而做出购买选择。

此外，茄衣烟叶卷制在烟胚身上并展示在外的部分就是有效使用面积，在这个有效使用面积上的烟叶，要求叶脉较细，烟叶平展，叶面完整，颜色均匀，无病斑、洞眼等。

在整选分类的各个环节，还要将有霉变、虫蛀、杂物、油污、水渍的烟叶挑选出来，保证提供卷制的烟叶都是合格的。

4. 木甑蒸烟

用于雪茄卷制的烟叶原料，经过大田的栽培生长和简单的调制发酵，就被送到了益川工业社。这些烟叶尚处于"半成熟"状态，与晾制的烟叶相比，晒制后的雪茄烟叶身份较厚、表面较粗糙，烟气劲头较大、刺激性较大，浓度较大，烟叶中的各类物质并没有充分转化，不能直接用于雪茄的卷制。益川老坊的木甑蒸烟技术就是为了解决这些问题而发展出来的。

益川工业社木甑蒸烟场景

具体操作方法是：将烟叶平铺于桌面上，按照一定比例均匀喷洒白酒，然后用麻袋将烟叶装好，平衡储存 12 小时。在干净的大锅内放入干净的井水，然后将处理后的烟叶放入蒸笼，从锅中的水沸腾开始，计时 2 小时。时间的把握是关键，时间过长烟叶香气损失，时间不足则物质转化不充分。

蒸烟结束后，用钩子将装有烟叶的麻袋从蒸笼中取出，待温度稍降后把麻袋松开，将烟叶平铺于干净的地面上，待全部烟叶冷却。经过高温蒸汽处理的烟叶产生了大量氨气等杂气，在蒸烟和散热的过程中，这些杂气也离开了烟叶。

在长城雪茄现代制茄工艺里，上述烟叶问题已经通过各种发酵技术和排杂技术的使用得到了解决，不再需要复杂的处理工艺，这些现代技术还能更有效地保持烟叶本身的香气。

在益川老坊木桶发酵中，还采用了以冬青胶和醪糟汁为介质的发酵工艺。冬青胶可用冬青果或冬青叶制作：将采收的成熟冬青果放入锅中加水熬煮，过滤除渣后再次熬煮；用冬青叶制作冬青胶，首先要将新鲜冬青叶片堆放自热发酵至叶色转黄且质地柔软，然后放入锅中熬煮，过滤除渣后再次熬煮。熬好的冬青胶为红褐色半流动黏稠液体，味苦，稀释后回味微甜、清香。醪糟汁选用上等糯米制作，将糯米浸泡后放入蒸笼蒸，然后加入酒曲装缸发酵，醪糟汁色清不浑浊，味甜带微酸，清醇可口。发酵时，将制作好的冬青胶和醪糟汁按比例配置成溶液，喷洒于烟叶上，烟叶充分吸收后整齐置于木桶内进行发酵。发酵后的烟叶香气丰富、飘逸、醇和。除烟叶本身的香气外，冬青胶还能给烟叶增加恬淡、清雅的香气。

5. 水分平衡

经过去梗理皮、整选分类、发酵等多个工序之后的烟叶水分各不相同，即使是同一处理批次的烟叶之间也有差别。在卷制雪茄时，为满足配方设计要求和方便生产操作，茄衣、茄套和茄芯烟叶的水分要求也不相同。茄衣烟叶在最外层，需要叶片尽量平整，这样包裹时较美观，因此含水率为28%—30%；茄套烟叶要包裹茄芯烟叶，需要较好的柔韧性，因此水分大概保持在18%—22%即可满足生产要求；茄芯烟叶在卷制时要尽量保证完整性，含水率要求为14%—16%。

若要提高烟叶中的水分，就在其表面均匀地喷水，然后在一个湿度较大的环境中放几天，直至所有烟叶水分均匀一致；降低烟叶水分时，将其置于相对湿度较低的环境中几天即可。

6. 原料储存

益川工业社时代的雪茄生产没有现代企业生产效率高，卷制雪茄使用的原料并不多，因此也不需要储备太多。

现代雪茄生产企业是规模化生产，是按照计划进行的，因此原料的准备就要提前，要有充足的原料以待生产，保证雪茄卷制顺利进行。因为烟叶处理通常需要较长时间，综合考虑生产能力和其他不可控因素，需要储备一定数量的烟叶。

水分平衡后的烟叶，需要在一定温湿度条件下和相对密封的环境中储存，以保证烟叶品质和特性在使用时仍可满足卷制要求。在储存养护过程中，同一环境下的烟叶之间、同一片烟叶的不同位置可以进行水分的交换，含水率进一步得到平衡，更加有利于卷制的雪茄产品质量的稳定。

在生产工厂，茄衣烟叶通常置于0—5℃的环境中冷藏存放待用。茄芯、茄套烟叶根据烟叶含水率和冷冻杀虫需求存放，如含水率相对较高或需要冷冻杀虫，则存放于 –10—–20℃的环境中冷冻；若含水率相对较低，则可存放于与雪茄卷制环境相似的温湿度环境中或冷藏储存。不管是冷藏还是冷冻，时间都不宜过长。

7. 雪茄卷制

益川工业社生产的雪茄有两种——全叶卷手工雪茄和半叶卷手工雪茄，卷制方法与现在的长城雪茄卷制工艺相同，而且生产过程中全程进行质量检验。由于原料品质和工具的限制，益川工业社的卷制效率和雪茄质量都不能与现在相比，但其产品在当时已经是国内质量最好、销量最佳的了。

8. 烘焙定型

雪茄卷制后如果直接包装会出现生霉现象，益川工业社采用自然晾干和日光晒干的方法来降低卷制好的雪茄中的水分。在市场供不应求的情况下，为了加快雪茄的出厂速度，益川工业社开始建设烘房，将卷制好的雪茄烟放入烘房中进行烘焙，一方面使雪茄的水分下降，达到市场售卖的水平，基本保证在售卖过程中烟支不会发生霉变；另一方面使雪茄烟形状得以进一步定型，确保在抽吸前不会发生变化。

现在已经不采用这种粗放的方法来降低烟支水分了，而是通过长时间的养护醇化来逐渐平衡烟支的水分，同时提升烟支的品质。

9. 包装运输

最早的雪茄没有名称，包装简陋，只是用麻绳扎成一小束出售。随着生产技术的发展和生产规模的不断扩大，为了更好地保持雪茄的品质，益川工业社开始给不同的雪茄命名，并采用商标纸包装。不断改进的包装使雪茄"卖相"大为改观，烟支不易破碎和霉变，且便于携带。雪茄烟包装好后便可运送至销售点进行销售。

由于对生产原料的高质量要求以及复杂的制作工艺，现在生产的雪茄售价通常都较高。从工厂走出来的雪茄，要历经多次转运才能最终到达消费者手中，因此，需要对雪茄进行精心的保护，给它们穿上层层经过精心设计的"防护服"。而且，由于具有收藏等价值，雪茄的包装有时候不是只有包装的基本功能，还被赋予了更多的内涵，在包装材质、形式和作用等方面更具有特殊性。

雪茄包装材料的设计与品质可以反映制造商的审美和追求，也能在一定程度上反映雪茄产品和品牌的优劣。制造商在做好雪茄产品的同时，也非常注重包装的设计与应用，毕竟让人眼前一亮的设计、丰富的内涵以及良好的质感会给消费者留下更加深刻的印象。

雪茄的包装材料种类繁多、设计精美，单支包装材料主要包括指环、塑料管、玻璃管、铝管、纸管等管状材料，铝箔纸、金箔纸、玻璃纸等纸质材料，木盒等木质材料；多支包装材料主要包括木盒、纸盒、铁盒、皮盒、塑料盒等盒包装材料，铝箔纸、塑料纸、牛皮纸等纸质材料，玻璃罐、陶瓷罐、铁罐等罐状材料。

雪松木皮和铝管包装

瓷罐包装

益川老坊不仅代表着益川工业社这个开创了中国雪茄工业发展历史的雪茄作坊，也代表着国产雪茄发展的曲折道路，更代表着在百年发展历程中形成的优质雪茄生产技艺。现在，这份"奠基者"的荣耀，演化为长城品牌不可复制的品牌基因。益川工业社的雪茄生产技艺是经得起时间的

铁盒包装

考验的，经过几代人的反复琢磨和实践，形成了目前独有的长城雪茄技术体系，这也是长城雪茄品质上乘、口碑良好的原因之一。

第五章　走进全球最大的单体雪茄工厂

一、一支好雪茄是如何诞生的

　　不同于卷烟的机械制造、流水化生产，雪茄的诞生倾注了人们更多的心思和技巧，更像是一件艺术品的诞生。

世界各地有许多大大小小的雪茄工厂。国际知名雪茄品牌通常在不同的国家和地区有多家规模不同的雪茄工厂,有的年产量二三十万支,有的年产量能达到上千万支。2011年,中国四川省什邡市修建了一座花园式工厂——长城雪茄烟厂,手工雪茄年产能可达3000万支,是目前全球最大的单体雪茄工厂。

2017年,长城雪茄自易地技改以来实现扭亏为盈,这是长城雪茄高质量发展的开端。在随后的几年里,长城雪茄保持着综合实力的高速增长。长城雪茄产品涵盖了手工、机制全系列标准雪茄和雪茄型卷烟,拥有"长城""狮牌"和"工字"三个品牌。其中传统雪茄GL系列、132系列和盛世系列三大系列产品各具特色,是集百年工艺之大成、传承132秘制技艺、融合全球制茄工艺的优质产品，各类产品出口涵盖欧洲、南美等十一个国家和地区。

　　诞生之后，长城雪茄在世界范围内获得了众多荣誉：1938年，参加莫斯科国际农产品展览会，斩获金奖；1958年，贺龙元帅来川视察，专门接见了益川烟厂相关人员，嘱咐要重树中式雪茄东亚雄狮声望，并亲自命名了"长城雪茄"；1964年，长城雪茄开始为毛泽东、李先念等党和国家第一代领导人特供雪茄，开启了"132秘史"；1970年，荣获第17届大马士革国际博览会金奖；1978年，邓小平出访尼泊尔，以长城雪茄为国礼，赠给比兰德拉国王；2006年，荣获"中国雪茄最具影响力品牌"；2009年，荣获"亚洲最具影响力雪茄品牌"。2011年，亚洲最大的单体雪茄生产基地——长城雪茄新厂落

成，百年传奇进入新的篇章。

　　2017年，长城"揽胜1号"登上国际雪茄杂志 *Cigar Journal* 盲评榜，这是该榜中第一次出现中国雪茄；2018年，长城"GL1号"在 *Cigar Journal* 盲评竞赛中获得95分高分，是中国雪茄在国际评比中夺得的最高分，超越了众多国外知名雪茄品牌。2020年，长城"唯佳金字塔"以盲评92分入选 *Cigar Journal* 冬季刊最佳雪茄前十，并入选被誉为"雪茄客购物清单"的 *Cigar Journal* 2020年度国际雪茄排行榜TOP25，排名第13位。2021年，长城"生肖版"、长城"132奇迹"分别在 *Cigar Journal* 春季盲评、秋季盲评中获得89分，长城"GJ6号"在 *Cigar Journal* 冬季盲评中获得91分。

　　长城雪茄以"打造百亿雪茄产业，将长城雪茄打造为中国雪茄第一品牌和世界知名雪茄品牌"为企业愿景，以中式雪茄"醇甜香"品类构建为抓手，推动品质攻坚，着力在雪茄烟叶原料、发酵调制技术、成品醇养提质等方面开展产品研发和技术创新工作，先后建成中国第一家雪茄博物馆和亚洲最大的"中国雪茄银行"，雪茄产品在国内市场长期保持多项行业第一：传统雪茄销量第一，手工雪茄销量第一，卷烟型雪茄销量第一，单规格雪茄产品销量第一，单规格手工雪茄产品销量第一……长城雪茄是国产雪茄快速发展的领军力量。

　　那么，全球最大的单体雪茄烟厂到底为什么能生产出消费者眼中的"好雪茄"呢？

二、冰川水灌溉
促进优质雪茄烟叶生长

好雪茄要用好的原料，好的原料需要天时地利人和。长城雪茄烟厂位于"中国雪茄之乡"什邡市，著名学者郭辉图先生赋言"什邡人杰地灵，是谓天有时，地有气，材有美，匠有心，工有巧，合此五者，始得芳华"，恰如其分地表达了什邡雪茄之源、什邡雪茄品牌的发展、什邡雪茄的品质。

什邡种植晒烟的历史超过 400 年。在清代诗人、学者彭遵泗的《蜀中烟说》中有"蜀多业烟艺者"的描述，可以证明四川地区早就有烟叶的种植。乾隆年间农学家张师古所著《三农

记》中有"什邡泥田谷子砂田烟"的记载，表明什邡早有砂田种植烟叶的历史。1983年，什邡被列为全国名晒烟生产县。

什邡具有种植优质雪茄烟叶的环境条件，其中水源是有别于其他种植区的优势条件。青藏高原冰川

融水从川北进入什邡，既确保了清洁无污染，又携带了丰富的矿物质。在冰川水滋养的土壤中生长的雪茄烟叶，内含物质丰富，化学成分谐调，燃烧后香气丰富、回甜生津，烟灰凝聚性好，烟灰灰白。

三、走近"浩、月、长、春"

1. "132 小组"技艺传承硕果累累

传统雪茄全部制作工序都由人工完成，其中最重要的工序之一是雪茄卷制，它是雪茄产品品质形成的关键因素之一。好的雪茄需要好的卷制技师完成，不仅因为他们有着精湛的卷制技艺，能卷制最优质的雪茄，更因为他们能带领团队在雪茄高质量发展道路上不断前进。

黄炳福、范国荣、刘宗贵、姜跃秀是当年给国家领导人卷制雪茄的"132 小组"成员，是中国第一代国宝级卷制大师，他们以高超技艺开创了为伟人卷制雪茄的荣耀传奇。

刘浩、李秋月、刘长勇、刘万春四位国手，是"132 小组"嫡传弟子、目前中国顶尖的手工雪茄卷制大师，卷制技艺比肩世界一流，分别开创了以各自名字命名的卷制流派，有着丰富的卷制经验和精湛的卷制技艺。

"浩、月、长、春"

2. 各流派代表雪茄及特点

鱼雷(Torpedo)是刘浩的代表作,木香、熏香、坚果香明显,带有果香、花香,香气丰富,中等浓度。

鱼雷

罗布图(Robust)是李秋月的代表作,以木香、坚果香为主,带有花香,回味悠长,中等浓度。

罗布图

贝伊可(Behike)是刘长勇的代表作,以木香、熏香、烤甜香为主,略带坚果香,较浓郁。

贝伊可

皇冠（Corona）是刘万春的代表作，以木香、熏香、烤甜香、坚果香为主，带有花香、酒香，中等浓度。

皇冠

卷制大师探讨卷制雪茄技术难点

3. 大师风范

勤钻苦练，追求卷制最高境界。从一片烟叶到一支完美的雪茄，背后需要多年的卷制经验。卷制大师熟练掌握了不同规格、型号手工雪茄的卷制技术，每一款手工雪茄都卷制得得心应手，尤其是不规则雪茄，更是他们的拿手好戏，从外观设计到卷制细节的研发，都体现了手工产品的艺术之美。

带领团队，培养新人，发挥各自优势。近几年国产雪茄进入快速发展阶段，开始受到越来越多的消费者认可。国内雪茄市场迅速扩容，产品供不应求。而手工产品的卷制急不得、催不得，每一个环节都有严格的要求，每一支产品都需要经过严格的检验。同时，高质量发展的需求要求雪茄产品能在国际市场上与所有高端产品媲美。在这样的趋势下，越来越多的卷制工新人进入工厂，带领新人迅速成长也成为大师的责任。

李秋月现场传授卷制技巧

四、区块链质量追踪技术

2020 年，基于区块链应用技术的长城"GL1 号"高端手工雪茄完成包装工序进入市场，标志着中国乃至世界范围内首款应用区块链技术的雪茄产品正式下线。

　　此款雪茄为四川中烟与阿里巴巴集团的合作成果，产品结合了区块链技术、图像识别技术和物联网技术，将采集到的雪茄制造工艺流程关键信息在蚂蚁区块链上进行存证，利用区块链数据真实、共识信任等技术特性为雪茄溯源进行信用背书。每一支长城"GL1 号"雪茄都匹配了唯一的二维码，消费者可通过微信扫码对商品的产地、原料、卷制、养护等信息进行溯源，同时还可在支付宝蚂蚁区块链查看产品的"数字身份证"。此款雪茄产品以文化立名、以历史为基、以品质立身、以科技赋能，结合区块链技术数据不可篡改的特性，通过制造工艺流程实时的记录与展现，保障了雪茄品质，实现了产品溯源。

五、5G数字化卷制工厂建设

随着基础算法研发突破与迭代应用的加快推进，长城雪茄在保留雪茄生产传统工艺、传统制作的基础上，利用5G专网、边缘计算、工业机器人、AI视觉质检等技术，赋能数字化转型达到质量改善、效率提升、精细管理等目的，以信息驱动为核心，深入雪茄传统生产流程，引入5G应用替代原有的人工作业，重塑雪茄生产全流程，实现生产全流程信息化、5G智能检测、5G智能巡检等多功能。

在质量控制方面，卷胚定型、吸阻测试、卷制茄衣操作时，都要先扫描定型器上的二维码，将相应的生产数据进行记录，实现卷制生产过程跟踪精细化管理。同时，视觉检测系统会对每支雪茄的尺寸进行检测，实现多规格雪茄的全检。

通过5G数字化卷制车间的打造，长城雪茄实现了整个生产流程的智能化管理和质量的全程监督检验，为"生产的每一支雪茄都是精品"奠定了坚实的基础。

第六章 "三分技术，七分原料"

原料是产品质量及风格的基础，在雪茄生产中更是有"三分技术，七分原料"之说。雪茄生产中最重要、最核心的元素就是原料，掌握了优质原料就等于抓住了雪茄的质量和风格，就等于抓住了雪茄市场和品牌生命。

配方师根据各类型烟叶的独特风格进行组合调配，多种香气类型的烟叶组合碰撞，从而形成一支香气丰富、特点鲜明的雪茄成品。一支雪茄的诞生，是一个漫长又复杂的过程，也是一种艺术的沉淀。

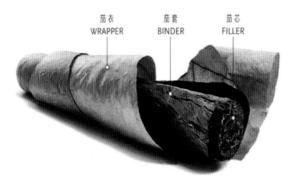

雪茄构造

一、一颗种子的魅力

农为国本，种为农先。一粒小小的种子可以推动人类的发展，可以改变整个世界。每一支优质雪茄，都是自然与人文的艺术，而种子，就是这门艺术的起源。

1. 雪茄烟种子的形态与结构

清代史料《烟草谱》记载："烟子，其囊形如罂子粟，极细。花谢后结成囊，俟囊焦黄乃收之，以为来岁之种。"雪茄烟种子非常细小，长 0.35—0.60mm，宽 0.25—0.35mm，1g 种子有 10000—13000 粒，千粒重为 6—26mg。种子一般为黄褐色，形态不一，多为圆形或椭圆形，表面凹凸不平，具有不规则的花纹。雪茄烟的种子结构由外到内依次为种皮、胚乳和胚，种皮包被在种子表面，主要起保护作用；胚乳介于种皮与胚之间，主要用来贮藏营养物质；胚由受精卵发育而成，是种子的核心，胚又包括胚芽、胚根、胚轴和子叶四部分。

2. 雪茄烟种子的处理与加工

雪茄烟种子在采收后需要进行科学的处理。首先要采用物理或机械方法精选种子，剔除杂草种子以及非生物杂质，同时利用光、热、电等抑制病原菌，使种子保持干净健康。然后对精选的饱满种子进行消毒，再放入温水浸泡。大概 8—10 小时后，用手轻轻揉搓种袋，在揉搓的同时用清水冲洗，以便去掉种皮上的蜡质，使水分从外部渗入。清洗至种子变为淡黄色时，滤去种袋中多余的水分，稍稍晾干，最后将种子保存妥当以供后续使用。

在生产中，雪茄烟种子分两种，一种为裸种，另一种为包衣种子。顾名思义，包衣种子即给裸种穿上一层"衣服"。由于雪茄烟种子极其细小，对种子进行"包衣"，一方面可有效增大种子粒径，便于播种；另一方面可以改善种子的营养环境和综合抗逆能力，从而提高播种的均匀性，进而提高种子的发芽率和出苗整齐率。

裸种

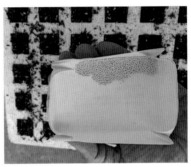
包衣种子

3. 播 种

为保证适期移栽，雪茄烟种子一般在移栽前65—70天进行播种，种芽在移栽前55—60天进行播种。播种时可使用简易播种盘或采用机械播种，保证播种的均匀性，使育苗盘上每个孔穴播有1—2粒包衣种子，然后均匀覆盖约2mm的过筛草炭，在草炭上均匀地反复喷洒清水，以促进包衣种子吸水裂解。最后，将育苗盘移至已灌好营养液的水床中进行育苗，这样就完成了播种环节。

人工播种

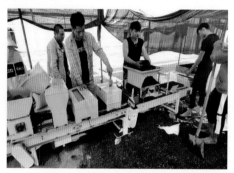

机械播种

4. 种子的萌发

烟草种子虽然细小，但发芽率较高，种烟者对此早有认识。《淡巴菰百咏》中有一首是关于播种的："黄棉袄里度寒时，冬至阳生播种宜。一藏五千四十八，教儿满撒莫留遗。"

在适宜的环境条件下，成熟的雪茄种子经过三个阶段即可萌发。首先是物理吸水阶段。种子开始萌发的 12 个小时，主要是吸收水分的物理过程，这个阶段吸收的水分约达到种子干物质量的 30% 左右；然后种子膨胀，水分暂时停止进入。其次是营养物质的转化阶段。吸水停止后，种子内部发生一系列生物化学变化，酶活动加剧，种子内很大一部分复杂的营养物质转化为较简单的易于被胚吸收的营养物质。最后是生理活动的生长阶段。当易被吸收的营养物质积累到足够数量时，便进入生理活动阶段，胚开始萌动生长，水分又开始剧烈地进入种子。当吸水量达到种子干物质量的 70% 左右时，胚根首先突破种皮显露出来。当胚根长度约与种子相等时，种子的萌动过程即告完成，之后便进入幼芽生长阶段。

二、襁褓中的烟苗

1. 育 苗

育苗是雪茄烟叶生产的首要环节。一粒雪茄烟种子要健康成长为一棵烟株，培育壮苗是第一步。农谚曰"苗好一半收"，充分说明了培育出健壮的烟苗是烟叶生产成功的基础。国内雪茄烟育苗方式有漂浮育苗、湿润育苗、托盘育苗、砂培育苗等，目前生产上采用最多的是漂浮育苗。

漂浮育苗是在人工温室或塑料薄膜覆盖条件下，以成型的膨化聚苯乙烯穴盘为载体，穴盘内填充 1—2 粒雪茄烟种子以及人工调配的培养基质，并将穴盘漂浮于含有完全矿质营养的苗池中，完成种子的萌发、生长和成苗全过程。塑料穴盘中装填的培养基质，主要是由泥炭、蛭石和膨化珍珠岩混合而成。由于漂浮育苗摆脱了传统的土壤生长限制，这种方法又被人们称为无土育苗。

漂浮育苗

培养基质配制

2. 幼苗的生长

雪茄烟从播种到移栽前这一时期称为苗床期。根据雪茄烟幼苗的形态特征以及地上、地下部的生长动态变化，又可将苗床期细分为四个生育时期。

（1）出苗期

出苗期是指雪茄烟从播种至出苗的这一时期。种子的发芽和出苗需要有适当的温湿度和透气性等环境条件。雪茄种子细小，贮藏养分较少，顶土能力极弱，所以在播种时覆土（基质）不易过厚，否则会影响种子发芽与出土。苗床需要保持湿润的状态，过干或过湿都不利于发芽。

出苗期

（2）十字期

雪茄烟苗的十字期是指从第一片真叶出现到第五片真叶长出的时期。十字期又可分为小十字期和大十字期。当第一、第二片真叶长出，与子叶交叉成十字形时，称为小十字期；当第三、第四片真叶长出，与第一、第二片真叶交叉成十字形时，称为大十字期。随着真叶的出现，烟苗的根系也逐渐长出侧根，此时烟苗便开始进行光合作用，进入独立营养阶段。但这个时期烟苗叶片的光合能力以及根系的吸收能力都很弱，抗逆性差，短期干旱或烈日照射都会使其生长受抑制甚至死亡。如果土壤含水率较高，则易引起叶片发黄，烟苗生长受到限制，从而发生病害。因此，十字期的烟苗必须加以精细管理。

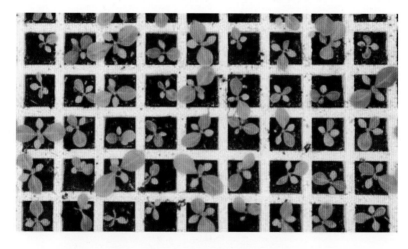

十字期

（3）猫耳期

猫耳期是指烟苗从第五片真叶长出到第七片真叶长出的时期，也称生根期，此时其第三片或第四片真叶斜立，形状如猫耳朵。在猫耳期的前期，雪茄烟苗光合作用已达到一定水平，但由于同化面积还小，茎几乎不生长，此时主要为根系发育时期，烟苗主根明显加粗，一级侧根、二级甚至三级侧根陆续长出，已开始逐渐形成完整的根系。在猫耳期后期，地上部生长虽然逐渐活跃，但地下部生长仍处于优势地位。

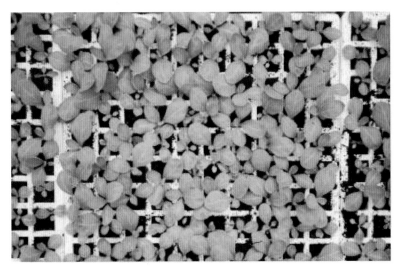

猫耳期

（4）成苗期

成苗期是指雪茄烟苗从第八片真叶长出直至达到适于移栽的标准的时期。第八片真叶长出，是烟苗生长的转折点，这时烟苗的生长中心逐渐从地下部转移至地上部，地上部生长处于优势地位。烟苗90%以上的干物质都是在猫耳期以后形成的，所以这个时期需要有适量的水分以及比较充足的养分和光照条件，使烟苗有适当的营养面积。待雪茄烟苗9—11片真叶长出，叶片舒展，叶色正常，茎秆粗壮，茎高10—15cm（特指漂浮育苗）时即可移栽。移栽前一个星期需要适当控水、控肥锻苗，以提高烟苗素质。

成苗期

三、"主席烟田"间那道靓丽的风景

大田移栽（什邡大泉坑）

每年4月是什邡雪茄烟苗的移栽期，一棵棵健壮的小烟苗被烟农细心地植入土壤，在田间均匀地排列着，像初升的太阳，朝气蓬勃，给这一片黄土地涂上了一抹绿。烟苗移栽后的生长过程可分为缓苗期、团棵期、旺长期、成熟期。刚移栽的烟苗处于缓苗期，需要烟农精心呵护，随时察看是否有死亡，以便及时补苗，对小苗以及弱苗要适时使用"偏心肥"，保证烟田里每一株烟苗生长基本一致，同时还要防止地老虎、蝼蛄等害虫的侵害。

中耕培土（大泉坑）　　　　　人工追肥（大泉坑）

　　在到达团棵期前，要进行中耕培土和追肥，并做适当控水等工作，保证烟苗有足够的营养，可以顺利成长。烟株的水分管理，现在也有多种方式，例如穴灌、滴灌等。烟株进入旺长期

旺长期

后，烟农就可以稍微放心了。进入雨季，烟田的排水工作是重中之重，烟农们会提前理沟，保持烟田排水通畅，做好防洪排涝工作，以免造成损失。

烟株的整个生长过程中，病虫害的防治也很重要。烟株的生长过程就像婴儿的成长，我们要防止它生病，以免影响它健康成长。在这个过程中，烟农们坚持"预防为主，综合防治"的原则。早年间烟农们会采用人工抓虫的方式，随着科技的发展，现在已经进步到使用无人机植保、黄板物理防治、生物防治等多种方式。

毛主席当年选择的2号雪茄，配方核心原料正是来自"中国雪茄之乡"什邡大泉坑，这块宝贵的原料基地至今仍然延续着，并被称为"主席烟田"。这块位于什邡市师古镇大泉坑9组的主席特供烟田，与中式雪茄的发展有着密不可分的关系，现已成为国产雪茄的价值标杆——长城"国礼1号"的原料生

产基地，总面积为 28.3 亩。为了延续"主席烟田"的原始种植方式，这片田地依然采用人工抓虫的方式，尽最大可能保障烟叶天然无污染。

成熟期

经过 60 天左右的大田生长，烟株到达成熟期，这时候烟农会凭借多年的经验判断叶片是否达到采收标准。雪茄烟叶的采收一般是从一棵烟株的下部开始往上逐片采收，每次采摘叶片数视其成熟情况而定，一般在 3—4 片，一株烟分 4—6 次完成采收，每次采收间隔时间在 7 天左右。

四、"醇甜香"定制烟田巡礼

雪茄烟叶的风味大部分由种植地的生态环境所决定，其次是一些特色栽培措施以及后期的发酵工艺。生态决定风格特色，所以才会有那么多的具有鲜明地域特色的香型烟叶出现，直至后续的香型分区。这也是配方师存在的意义：将不同风味的烟叶进行组合，最终形成一支香韵丰富、香气醇和且谐调的雪茄。从栽培到晾制再到发酵环节，有数不清的工序，而每个工序的参数对烟叶的品质都会有影响，最终凝聚成烟叶的感官品质，满足各种口味的雪茄客。

　　风格迥异、各具特色的品牌形成了激烈的市场竞争，每家雪茄生产企业对原料都有不同的认识，对于原料的风格特色需求也有所差异。想要保证原料的均质化程度以及风格特征，就要从源头着手，将一切的可变因素都尽量控制在最小范围内。长城雪茄在这一点上真正做到了"醇甜香"品类原料的定制化生产，精心筛选国内优质雪茄烟叶产区及品种，并与产区深度合作，从源头开始掐质量，拥有自己一套完善的特色原料生产技术体系，保障每一片烟叶的品质。"醇甜香"品类原料基地在四川、海南、湖北、云南等省份筑起了一道道风景，这一生产模式在国内掀起浪潮。

　　素有"中国雪茄之乡"之称的大泉坑披上一袭生机盎然的绿衣，给炎热的夏天带来了清凉，成为沿途一道靓丽的风景

长城雪茄的每一个基地都经过精心筛选，并且通过了生态环境以及技术力量的评估，每一个基地都具备不可复制的生态环境优势以及强大的技术团队，接下来让我们一起走进"醇甜香"定制烟田。

1. 云南：清甜香、蜜甜香、正甜香

临沧市地处横断山系怒山山脉南延部分，属滇西纵谷区，三面环山，与古巴同处北回归线上，属亚热带高原山地季风气候，雨水较多，日照时间长，土壤为砂壤土，水利和交通设施发达，具备绿色生态特色优质雪茄烟叶生产条件的耕地面积约10万亩，自然资源得天独厚。

云南临沧孟定

德宏州位于云南省西部，属南亚热带季风气候，东北面的高黎贡山挡住了西伯利亚南下的干冷气流入境，入夏有印度洋的暖湿气流沿西南倾斜的山地迎风坡上升，其特点是冬无严寒，

夏无酷暑，光照充足，雨量充沛，干湿分明，为雪茄烟叶提供
了良好的生长环境。

云南德宏芒市

新平彝族傣族自治县地处山谷间，中间有河流穿过，气候
温和，一年四季温差在 16℃之间，以春秋气候为主，年平均

云南玉溪新平

气温 17.1℃，年均降水量 869 毫米，立体气候特征明显，既有
四季如春的山区平坝，也有被称为"天然温室"的谷地，具有
发展雪茄产业得天独厚的自然生态优势。

宁洱哈尼族彝族自治县位于云南省南部、普洱市中部，为
滇南要冲，与思茅、墨江、江城、景谷、镇沅五个区（县）山
水相连。宁洱属南亚热带山地季风气候，兼有热带、中亚热带、
南温带等气候类型，生态资源丰富，具有发展雪茄烟叶的潜力。

云南普洱宁洱

江城哈尼族彝族自治县位于云南省南部，与越南、老挝两
国接壤，地处横断山脉无量山尾端。地形起伏大，切割深，形
成中低山地貌。属亚热带湿润气候，冬夏两季短，春秋两季长。

年平均气温 18.7℃，植物种类丰富，达 2000 种，雪茄烟叶是这里新进的一员，已成为一道靓丽的风景。

云南普洱江城

云南烟区地处北回归线附近的低纬高原，独特的地理位置以及独特的气候条件为雪茄烟叶提供了绝佳的生长环境，形成了云南产区典型的清甜香风格特征。

2. 海南：焦甜香、干草香、烘烤香

儋州市位于海南西北部，濒临北部湾，属热带季风气候，年平均气温 23.3℃，太阳辐射强，光热充足，降雨量 1800—2000mm，土壤肥沃，微生物种类丰富，自然条件得天独厚，生态环境与世界著名雪茄产地古巴、多米尼加接近，非常适合雪茄烟叶的生产，也是海南岛最早种植雪茄烟叶的地方。

海南儋州光村镇

　　昌江黎族自治县地处海南岛西部，土类主要有山地黄壤、砖红壤性红壤（赤红壤）、砖红壤、水稻土、滨海沙土等，植物种类繁多、资源丰富，是海南省最大的天然林区之一，森林覆盖率达54%，气候较干燥，光照充足，有利于烟叶内在物质积累，独有的生态资源为雪茄烟叶的生产奠定了先天优势。

海南昌江海尾镇

东方市位于海南岛西部，西临北部湾，与越南隔海相望，东靠黎母山，属热带海洋性季风气候，旱湿两季分明，日照充足，年平均气温 24—25℃，自然资源丰富。因为海洋对气温的调节作用，东方市的气候旱而不燥，具有明显"干爽"特征，具有发展现代生态农业的良好基础，为雪茄烟叶的生产提供了天然的条件。

海南东方大田镇

五指山市坐落在海南岛中部地区，为海南岛海拔最高的城市，是有名的"翡翠山城"，海拔高，纬度低，森林密布，号称"天然氧吧"，光、热、水资源丰富。此地属热带山地气候，基地依山傍水，烟叶生长期云层较厚，具备茄衣烟叶生产的天然条件。得天独厚的生态条件让五指山的雪茄烟叶干草香和豆香突出，也因此有了这么一首歌曲——《雪茄香在五指山》。

海南五指山番阳镇

3. 四川：蜜甜香、豆香

什邡市属亚热带温热季风气候，土壤肥沃，种烟区多为新冲击油砂土壤，肥力较高，矿物质及营养元素丰富，烟叶品质独特而优良。烟叶生长期内气温在 22—25℃ 之间，日照时数在 550—670 小时，降雨量在 580—660mm，田间相对湿度在74%—78% 之间，造就了烟叶以豆香、坚果香和蜜甜香为主要香韵的风格特色。

达州市位于四川省东北部大巴山南麓，是中国西部天然气能源化工基地、川渝鄂陕接合部交通枢纽、文化商贸中心和生态宜居区域中心城市，素有"巴人故里、中国气都"之称。达州市烟草种植历史悠久，具备优越的自然生态条件，生产的雪茄烟叶香气突出，风格特色鲜明，是特色茄芯的优质生产地，具有较大发展潜力。

四川什邡

四川达州

89

4. 湖北：清甜香、花香、蜜甜香

来凤县位于湖北省西南部、酉水上游，因地貌、地势等非地带性因素的影响，具有气候环境多样、垂直差异明显的立体气候特征，海拔800米以下的丘陵低山气候温暖，四季分明，属湿润型亚热带山地季风气候，种植雪茄烟叶历史悠久。

湖北恩施来凤

丹江口位于湖北省西北部、汉江中上游，地处襄阳、十堰、南阳"小三角"的正中央，属北亚热带季风气候，冬长于夏，春秋相近，具有降水充足、热量丰富、四季分明的特点。雪茄烟种植区域分布在南水北调中线工程水源地丹江口水库周边的丘陵河谷地带，水库引出的支流形成了小气候，温湿度适宜，有利于茄科植物的致香物质积累，大田生长及晾制期的关键气象因子最接近古巴的核心烟区比那尔·德·里奥，生态条件优越。

湖北十堰丹江口

产区生产跟踪

从育苗开始，"醇甜香"定制烟田的所有生产都由原料研究人员定点跟进，保障每一道工序达标。雪茄之所以高贵，正是源于原料的品质。这些雪茄让人在抽吸时既能感受到多种烟叶独特的原香，又能品味出它们混合在一起不失谐调的醇味，是源于这一块块"醇甜香"定制烟田的天然之礼。

五、雪茄烟叶的蜕变

Green Yellow Brown

烟叶的蜕变

雪茄烟叶调制，就是将烟叶在田间积累的物质，通过或晾或晒的方式使其品质特征得以彰显，是烟叶外观转变最大的阶段。在这一阶段，烟叶通过一系列内在化学物质转化，从最初绿色的鲜烟叶变成棕色的干烟叶。雪茄烟叶调制也是影响烟叶品质最为关键的工序之一。烟叶自田间采收之后，需要及时进行编杆晾制。

从生理学角度讲，调制主要是一种饥饿代谢过程，是烟叶脱水干燥和内部化学物质变化相互谐调的过程。根据雪茄烟叶

鲜烟叶编杆上架（海南东方）

状态，整个调制过程可细分为萎蔫期、变色期、定色期和干筋期等不同阶段。在此期间，烟叶经历着许多复杂的生理生化和物理变化，最后完成叶片由绿变黄、由鲜到干，香气和吃味良好的蜕变。其中，变色期是雪茄茄衣品质形成的关键阶段。在变色期，淀粉酶、多酚氧化酶和内肽酶活性达到最大，烟碱和多酚含量达到最高，碳水化合物含量明显降低。在整个调制过程中，叶绿素 a、叶绿素 b、类胡萝卜素、总氮、蛋白质、烟碱和绿原酸等物质含量降低，游离氨基酸、磷、钙、镁和钾等含量逐渐升高，芸香苷和莨菪亭等特征香气物质含量以及脂氧合酶、苯丙氨酸解氨酶、多酚氧化酶和过氧化物酶等酶的活性均呈现先升高后降低的趋势。研究表明，适熟采收烟叶经调制后颜色橘黄，油分多，厚薄适中，光泽好，烟叶内在化学成分谐调，刺激性小，香气量足，吃味醇和。

变色期（海南五指山）

干筋期（什邡）

定色期（海南儋州）

　　雪茄烟叶调制工艺因烟叶品种、部位、用途以及外部环境等不同而存在很大差异。调制结果的优劣，主要取决于烟叶成熟度、自然气候条件、调制设备和调制技术。

　　早期，我国多采用白肋烟和晒红烟作为雪茄茄衣原料，调制方法大多采用晒制法（实质是半晒半晾），少数采用晾制法。陈琮《烟草谱》谓烟叶晒晾为"罨叶"，并引《食物本草》云："罨叶时须分别罨之，罨必令黄色，以三日为期，择其不黄者再罨。"又称晒烟，引《广群芳谱》云："春种夏花，秋日取叶曝干，以叶摊于竹帘上，夹缚平垫，向日晒之，翻腾数遍，以干为度。"四川什邡传统调制方法为绳晒法，该方法不控制温度和湿度，调制后烟叶的质量好坏受环境影响较大，容易出现颜色深浅不均、组织结构粗糙、叶片较厚、弹性较差等不利情况。

绳晒法

绳晒法

　　根据国外经验，晾制法更适合雪茄烟叶调制。晾制能够使烟叶处于生命状态而不发生腐烂，同时能够防止烟叶受到雨水和阳光的影响。茄芯烟叶调制一般在简易晾棚中进行，而茄衣调制则需要在封闭晾房中进行。通过加热和通风，控制晾棚或晾房的温湿度，以实现在调制的不同阶段对温度和湿度的精确控制。随着国外名优雪茄烟叶的引进、选育和栽培，国内雪茄烟叶种植地区如浙江、海南、四川和湖北等已建起雪茄烟叶晾房，开始采用控温、控湿的晾制法对雪茄烟叶进行调制。在四川什邡，长城雪茄烟厂技术研究人员采用香木熏制的方法对烟叶调制进行探索。调制后的茄衣颜色接近深棕色且颜色均匀，烟叶较薄、油分足、弹性好、叶脉细而平整，总植物碱、总氮和氯含量均降低，钾含量、钾氯比和氮碱比略升高，燃烧性提高；在感官方面，香气质提升，烟气浓度和刺激性降低，烟气更细腻，整体醇和度较好，有令人愉悦的嗅香。

产区生产跟踪

　　晾制过程中的难点在于温湿度的控制。烟叶需要经历缓慢失水的过程，最终目标是得到水分合适、颜色均匀的原料。在整个晾制期间，技术人员会密切跟踪烟叶的质量变化，按照"醇甜香"品类原料需求，随时调节技术参数以确保烟叶质量。

第七章　雪茄烟叶发酵的秘密

一、发酵目的

　　雪茄烟叶在田间栽培和调制完成后需要进行发酵，目的是进一步改善其外观质量、物理特性、内在成分、吸食品质。发酵技术是雪茄生产的核心技术，对雪茄烟叶品质有至关重要的影响。

　　那么雪茄烟叶为什么需要发酵呢？烟叶从田间生长的绿色烟叶转变为晾制后的棕色烟叶，主要经历了水分散失、颜色变化和物质初步分解转化的过程，此外还需要更长的时间来进行内含物质的进一步转化、合成，直至化学物质、致香成分等达到谐调的状态，这样的烟叶才适合用于雪茄生产。

　　不同类型烟叶的发酵目的不同，茄衣烟叶对外观要求较高，因此发酵的主要目的是在一定程度上提升颜色的均匀性，改善油分和光泽度；茄芯烟叶是雪茄烟支中决定风格特征的主要组成部分，进行发酵主要是为了进一步提升成熟度，以及通过可控温控湿的工业发酵排杂和减少刺激，适当调整浓度，提升烟叶品质的均质化水平。

二、发酵阶段

雪茄烟叶的发酵分为两个阶段：农业发酵和工业发酵。

1. 农业发酵

（1）什么是农业发酵

农业发酵是在农业生产之后进行的发酵。烟叶采摘之后在专业的晾房内晾制，晾制好的雪茄烟叶会被一束束地系好，放到专门的发酵室中开始发酵。这是一个初步发酵过程，是控制雪茄品质的关键步骤，目的是使烟叶达到一种较适合加工的状态，得到更好的口感和味道。

（2）农业发酵后的烟叶特点

茄衣烟叶在农业发酵后的主要特征是成熟度较好，油分较足，颜色基本固定且均匀一致；有一定的香气风格特征，无明显异味和杂气，浓度劲头适中，余味较舒适，燃烧性好。

农业发酵后的茄衣烟叶

　　茄芯烟叶在农业发酵后的主要特征是成熟度较好，油分较足；雪茄香韵风格特征较明显，香气较醇和，杂气较轻，刺激性较小，余味较舒适，燃烧性好。

农业发酵后的茄芯烟叶

　　农业发酵后的烟叶虽然在品质上有了很大的提升，但是还存在一些缺点，如在烟叶风格特点方面，蛋白质气息较为明显，地方性杂气突出，烟气不纯净、粗糙、不舒适，刺激性强，生青气明显，香味、香气未能显露。具有这些缺陷的烟叶是无法使用的，因此才有了工业发酵。

2. 工业发酵

　　（1）什么是工业发酵

　　工业发酵是雪茄烟叶原料进入雪茄生产工厂以后进行的发酵。这一阶段，生产工厂在农业发酵的基础上，根据原料品质以及各雪茄品牌风格定位，采用共性方法和技术以及特色技术，再次对烟叶进行发酵处理，使其香气更加丰富醇和，杂气刺激性减少，达到工业生产的品质要求，为塑造产品风格特征奠定基础。

（2）工业发酵的必要性

①工业发酵促进雪茄烟叶进一步提高"成熟度"。

烟叶的成熟不仅是指烟叶采摘时的成熟度，调制和发酵过程中的成熟度也是影响烟叶感官质量的重要因素。调制和发酵过程中成熟度不够或是过度都会造成烟叶杂气重、香气不透发、香气损失等后果。任何一个环节的成熟度欠佳都会对后续生产造成巨大影响，最终导致产品感官质量的差异，而工业发酵就是烟叶使用前最后一次成熟的过程。

②工业发酵可进一步提高雪茄烟叶均质化水平。

雪茄不同于卷烟，卷烟除了采用切丝混合的形式来卷制以外，还经过了加料、加香滚筒以及储叶、储丝等多道工序的混合和平衡，对于解决原料均质化问题具有非常积极的作用。

雪茄特别是手工雪茄卷制时，没有在前期进行原料混合等工艺环节，每一片烟叶都会成为配方当中的单独原料，支撑着雪茄成品的燃烧和香气、品质，因此对于原料的均质化水平要求更高。同等级的烟叶的内在成分和外观质量的差异会直接影响到成品烟支的品质稳定性，品牌的口碑与之直接关联，所以均质化生产显得尤为重要。

虽然烟叶是一种农产品，但可以通过调制、发酵、分级、加工等多个环节提高批次原料的均质化水平。农业发酵在一定程度上提升了烟叶品质的一致性，但是仍然存在着品质差异较大的情况。在农业发酵的基础上进一步发酵，能保证同批次发酵处理后的烟叶具有相似的内在品质。

③工业发酵使雪茄烟叶原料逐渐符合中国市场特点。

中国烟草消费市场非常庞大，但雪茄消费市场还处于发展阶段，资深雪茄客受到国外雪茄的影响，更倾向于选择国外雪茄品牌；而新的雪茄消费者认识雪茄、了解雪茄是从国产雪茄开始的，从新的雪茄消费者的口味分析，他们更加倾向于选择具有"醇、甜、润、绵"特点的雪茄。

醇：香气醇和、细腻，自然留香。

甜：蜜甜、焦甜、清甜香突出，味道甜熟，余味回甘。

润：口感舒适，圆润生津。

绵：烟气缠绵，回味悠长。

④工业发酵可提高国产雪茄烟叶原料的利用率。

目前国产雪茄烟叶生产技术仍有待深入研究，同时由于国内烟草行业的体制要求，当年生产的烟叶需要当年交易进入雪茄工厂，这与国外是不同的。国外雪茄烟叶在农业发酵后，至少要在烟叶仓库存放半年到两年的时间，之后才出售给雪茄工厂，烟叶经过长时间的醇化，品质已经接近使用要求，因此工业发酵就要简单许多。

国产雪茄烟叶农业发酵的时间较短，烟叶自身的物质转化不充分，成熟度较欠，杂气、刺激性物质不能完全消除，工业可用性低，不能直接用于生产。同时，目前国内各雪茄烟叶产区因地域和生产周期等不同，烟叶种植时间不同，进入发酵的时间也各有不同，且发酵期间环境温湿度差异较大，配套设施还不能充分保障，造成了农业发酵后的烟叶水平差异较大。因此，工业发酵就成为弥补前期醇化不足的关键阶段。

总的来说，工业发酵后的烟叶较发酵前具有以下特点：优美的香气显露，吸味和顺，刺激性减轻；青色减少，颜色转深且变均匀；成熟度提高，燃烧性显著改善，醇和度提高；烟叶耐加工性增强，对抗霉菌感染的能力增强。

三、发酵机理

雪茄烟叶发酵是一个复杂的变化过程：在适宜的温湿度环境中，通过微生物和酶的作用，利用棕色化反应和酶促反应等，烟叶内含物质发生分解与转化，香味物质逐渐丰富，香吃味风格开始凸显，产生杂气的物质分解并以气体形式排出，烟叶的香吃味和整体谐调性得到提高。

雪茄烟叶发酵原理，主要包括微生物作用、酶的作用以及化学作用等。1891 年，祖赫斯兰（Suchsland）提出了烟草醇化微生物理论，即雪茄烟叶表面的微生物种类极其丰富，雪茄烟叶的发酵过程是由许多微生物参与的过程。酶是一种具有生物催化活性的蛋白质，雪茄烟叶在采收后细胞内仍然存在保持一定活性的酶，在调制和发酵等后续加工过程中，酶会促进烟叶内外发生多种生理生化反应。化学作用主要是指氧化还原反应、焦糖化反应等，它们在雪茄烟叶发酵过程中带来物质的转化和分解。

雪茄烟叶的发酵需要在适宜的温湿度条件下进行，不同发酵温湿度将直接影响烟叶中总糖、还原糖、烟碱和总氮等化学成分和各类香气物质的形成和积累。

四、发酵方法

雪茄烟叶常用的发酵方法非常多,通常按照烟叶堆码方式、发酵使用的容器、温湿度控制方法、介质和微生物添加等进行分类。

1.按照烟叶发酵堆码方式分类

可以分为堆垛发酵、原捆发酵、散叶发酵、压力发酵和蒸汽发酵。

（1）堆垛发酵

回潮后的烟叶按照顺序摆放成一定体积的烟堆，在一定的温湿度环境中进行发酵，堆积产生热量从而促进烟叶内含物质转化分解，达到提升烟叶品质的效果，这种发酵方式称为堆垛发酵，是最传统的一种发酵方法，批次处理量大，效率高。工业发酵中的堆垛发酵方法和农业发酵一样，主要用于农业发酵不彻底或者烟叶品质未达到使用功能要求的原料。

工业生产环节的堆垛发酵，由于烟叶数量没有农业发酵环节多，初始水分也没有农业发酵时大，因此垛芯温度通常不会升很高，且可以长时间地堆垛醇化。结合一定的室内温湿度控制，堆垛发酵可长时间进行。

堆垛发酵

（2）原捆发酵

原捆发酵主要用于质量水平不高的原料，通常将打包好的原料置于可控温控湿的环境中，采用高温高湿来进行强化发酵。

原捆发酵

这种方法不需要更多的时间和人力来进行堆垛，属于比较粗放的方式。

（3）散叶发酵

散叶发酵常用于中高端雪茄的原料发酵，特别是茄衣原料。发酵前将成把的烟叶拆成散叶，平铺到能够控温控湿的发酵室内，通过环境温湿度的控制促进发酵过程的进行。这种方法可以有效地保证叶片之间不会因挤压过紧而产生压痕和压油，保护茄衣烟叶外观品质，同时更有利于保持烟叶的香气，加快发酵产生的杂气散失。

（4）压力发酵

压力发酵是在放满茄芯烟叶的木桶上增加压力，提高发酵过程中内部烟叶的温度，从而提升发酵的效果，通常用于成熟度较低且杂气重、工业可用性较低的茄芯烟叶原料发酵。

压力发酵

（5）蒸汽发酵

蒸汽发酵是将烟叶置于100℃或者更高温度的充满蒸汽的房间里60—120分钟，进行快速发酵的方法。与压力发酵一样，蒸汽发酵主要用于成熟度较低且杂气重、工业可用性较低的原料发酵。

2. 按照发酵使用的容器分类

可分为装箱发酵、木桶发酵、麻包发酵等。

（1）装箱发酵

装箱发酵主要用于茄衣、茄套的发酵，即将烟叶置于容量为100—175千克的木箱内发酵。烟把或烟叶在箱内均匀摆放，四周和中间都有一定的间隔以利于空气流通。

（2）木桶发酵

木桶发酵主要通过使用陈年橡木桶，营造发酵微环境，使烟叶发酵更均匀，去杂透香，馥郁烟香，醇净烟味，提升成熟

橡木桶发酵

度和品质，最大程度保持烟香，并赋予烟叶谐调的木香。国外很多工厂采用装过红酒、威士忌等酒的木桶，主要是因为桶内微生物更加活跃，且能够赋予烟叶特殊的酒香。

（3）麻包发酵

麻包发酵主要用于品质不高的茄芯原料。将麻包打包的烟叶直接置于一定温湿度环境中发酵，麻包具有透气性，能更有效地排出发酵产生的杂气。

麻包发酵

3. 按照不同的温湿度控制方法分类

烟叶发酵最关键的是温湿度的控制，烟叶性质、功能作用和使用方法不同，发酵环境的温湿度也不同。

低温发酵的主要目的是提升烟叶的成熟度，凸显烟叶香气，提升醇和度；高温发酵的主要作用是降低烟叶的刺激性，减少杂气；深度发酵可以有效改善烟叶的外观和内在品质，如深色茄衣烟叶的制作；分段式变温发酵法主要针对烟叶发酵阶段不同理化特征，在不同的周期内设置不同的温湿度环境，让烟草品质特性在温度上升的过程中逐步彰显。

4. 按照不同的天然介质或微生物添加方法分类

雪茄烟叶的发酵过程是一个自然催化的过程，但是在发酵过程中添加一些天然介质或者微生物，可以有效地提升发酵效果。

（1）糊米发酵

糊米发酵是四川省什邡市一种传统的雪茄烟叶发酵方法。将糊米水喷洒在烟叶上进行堆积发酵，发酵后的烟叶喷洒白酒后打包成捆，再经过半年以上陈化，就完成了整个糊米发酵过程。发酵后的烟叶为红褐色，光泽度好，吃味较为醇和，烟香较浓，但烟气非常纯净。

（2）微生物发酵

该方法通过添加微生物如蜡样芽孢杆菌 x-2、烟叶源细菌、芽孢杆菌或者蛋白酶、生物酶等发酵介质，使烟叶内含物质发生改变，化学成分和致香物质趋于谐调。雪茄发酵微生物随雪茄发酵方式及烟叶原料不同而存在差异，目前微生物在雪茄发酵中的作用是研究的热点。

第八章　灵魂的调配：
打造一个雪茄风味综合体

一、配方师"尝百草"

雪茄烟叶产自世界多个国家，每个品种都各不相同，即使是同一个品种，不同产区生产的味道也可能存在很大差异。此外，同一个烟株不同部位的烟叶，由于接受太阳光照射的程度不同，在厚度、油分和内含物质上也有极大的差别。

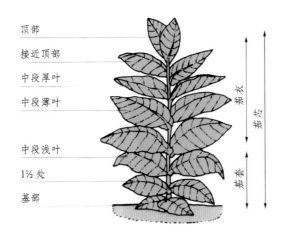

雪茄烟株

一支雪茄通常由3—5种茄芯烟叶、1种茄套烟叶和1种茄衣烟叶组成。因此，要想得到一个完美的雪茄配方组合，制作一支能得到消费者认可，风格特征能满足消费市场需求的雪茄，首先需要了解每一个品种等级烟叶的特点。

一个合格的配方师要对各种烟叶做到心中有数，除了通过眼观、手摸等方式了解烟叶的类型和状况，最重要的是要亲自尝一下它们的味道，将其特点深深地留在记忆当中，在制作配方时，能将这些信息准确"调取"。配方师要经过多次重复品尝和记录，才能做到这一点。

单料烟是雪茄产品配方结构的基础，设计任何一个产品配方，首先都要对主要原料，即不同等级、不同类型的烟叶进行内在外在质量的鉴定。而内在质量的好坏、香味的浓淡则完全依赖于感觉器官的评吸，可见单料烟的感官评吸对设计配方的重要性。

二、烟叶调配

雪茄按照浓度的不同分为浓味型雪茄、中间型雪茄和淡味型雪茄，配方师在设计产品时，首先需要做出风格定位，然后进行烟叶的初步选择，接着将这些烟叶按照不同的比例制作成不同的样品，经过不断的选择和调整，最后得到最佳的配方。

雪茄配方，是雪茄生产最重要也是最艺术化的环节。制作任何一个规格的高档手工雪茄，都需要用不同品种的烟叶或不同部位的数种烟叶按拟定的比例卷制。一支上好的雪茄，它的茄芯一般来说由三种烟叶组成：浓度型、香味型、助燃型。浓度型烟叶位于烟草植株的上部，也就是浅叶，其特点是色深味浓、甜熟芳香，一般要醇化三年以上才会用于卷制雪茄；香味型烟叶位于烟草植株的中部，也就是干叶，特点是香味介于优雅的清香与甜熟的浓香之间；燃烧型烟叶采自烟草植株的底部，其主要作用是填充助燃。

长城雪茄的烟叶调配以符合中式消费需求为主要方向，按照中式雪茄消费习惯，更多地要求雪茄具有"醇、甜、润、绵"的主要特征，口感醇和，烟味细腻，强度柔和，芬芳绵软，馥郁多韵，香气和余味纯净，有雪茄烟叶自然发酵的回味。

调配当然不能只考虑雪茄的味道，还要充分考虑各烟叶之间的合理使用，即烟叶的燃烧性、烟叶的摆放位置等，此外还要考虑卷制生产的可操作性。

配方员调配

三、时间、精力与技艺：
完美雪茄配方的标准

雪茄配方赋予一支雪茄以精神和灵魂。不同的烟叶具有不同的特性，相同品种的烟叶因为产地的不同而受到气候和环境的影响，特性也不尽相同，即使是同品种、同产地的烟叶，也会因不同年份的气候条件不同而产生差异。烟叶组合的意义就是从原料中挑选合适的烟叶调配出预期的雪茄。雪茄的叶组配方就是根据既定的风格类型选择不同的雪茄烟叶进行组合，依据感官评价结果得到的最优方案。一款配方的预期目标包括：尺寸、环径、外观颜色、香气、吃味、浓度、适应市场偏好等。

一款合适的配方，首先要合理搭配、平衡不同来源的烟叶，五味平衡的雪茄是成功的一半。当然，众口难调，有人好甜，有人好辣，也有人好苦，但是大多数人还是喜好搭配平衡的，所以所有的雪茄制造商创造配方时都以平衡作为第一目标。其次是均匀的燃烧和抽吸畅通的结构。最后是舒适愉悦的香气和吃味。一款优秀的配方，还需要考虑香气和吃味的丰富度、变化度和持久度；能满足不同人群的消费需求，符合大多数消费者的口味；保证同款的成千上万支雪茄，甚至每年每批次雪茄的稳定性与一致性。而要保持雪茄口味的稳定与一致，就需要确保烟叶原料的一致，所以丰富而充足的烟叶原料储备是确保一款雪茄优秀的先决条件。

　　配方设计是融合了工艺设计的综合设计过程，要根据产品的风格定位和市场定位，综合考虑烟叶品种和使用比例、预处理方法、烟支规格和型号、吸阻设计和外观设计等，经过多次卷制试验，确定各项指标，最终形成稳定的产品生产配方单和工艺制造标准。

　　随着中国雪茄消费需求的不断增加，国产雪茄正在蓬勃发展，这就要求我们根据国人特殊的消费文化及各地消费群体的不同习惯与口味，打造出传承中国雪茄文化传统、具有中式雪茄香气风格和口味特征、适应以中国人为代表的东方消费者需求的雪茄。

第九章　长城雪茄卷制技艺

在国外，雪茄生产工艺经过几百年的发展，不管是工器具的使用、工序流程及技术要点还是人工操作的基本要求，都是比较成熟的。中国雪茄生产虽然经历了中间几十年的发展空白，但是到了今天，已经以最快的速度与国际生产水平接轨，并且在许多方面远远超过国外生产企业，对工艺的深入研究带来的品质提升更是让一些产品无可挑剔。

雪茄卷制是将配方设计变为产品的核心工序，主要包括卷胚、定型、卷制茄衣等主要工序。

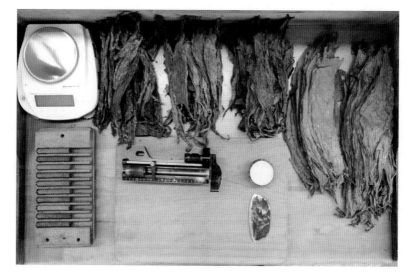

雪茄卷制台台面

一、卷　胚

　　卷胚是卷制的第一步，是将几种不同类型、不同重量的茄芯烟叶按照一定的位置摆放组合，然后用茄套烟叶把它们螺旋包裹的过程。生产中要根据产品的风格定位、原料配伍、规格尺寸和型号特性等特点，具体决定每个牌号雪茄使用的卷制方法，从而给消费者提供最佳的感官体验。长城雪茄常用的有"管式卷制法""书卷式卷制法"等。

　　"管式卷制法"起源于古巴，是将每片茄芯烟叶单独卷成筒状，然后有序叠压在一起，形成烟束。这种雪茄卷制方法是难度和复杂程度最高的一种。该法卷制的雪茄均匀度较好，能使气流通过所有烟叶，抽吸顺畅，燃烧速度均匀，能让更多的香味传递到味蕾。

管式茄芯展开图

"书卷式卷制法"是将茄芯烟叶平展后按照顺序层层叠放，以一边为中心将多层茄芯卷制成束，然后用茄套螺旋卷制成烟胚。该法卷制的雪茄由于每片烟叶都叠在一起，因此通过的空气相对较少，不过卷制效率较高。

书卷式茄芯展开图

"折扇式卷制法"是"书卷式卷制法"改良后形成的一种卷制方法，单独将每张叶片折叠至一定的宽度，再层层叠放在一起，然后用茄套卷制成内胚。该法卷制效率较高，燃烧较均匀。

折扇式茄芯展开图

"夹心式卷制法"是用单张或多张外层烟叶卷裹内层烟叶，再用茄套烟叶卷制成烟束。严格意义上讲，该法应该属于折扇式。

夹心式茄芯展开图

"混合茄芯式卷制法"又被称为"古巴三明治法"（Cuban Sandwich），茄芯由短茄芯（中茄芯）和长茄芯构成，使用多张长茄芯烟叶作为外层烟叶，将短茄芯烟叶卷裹在中间。其优点为能够充分利用雪茄烟叶，不足之处是烟支吸阻和燃烧性会受到影响。

混合茄芯展开图

二、定　型

卷制成的烟胚，不管是外观还是圆周等指标，都是不符合要求的，还需要经过一个非常重要的步骤即定型。定型要使用专门的定型器配合压模器完成，每个不同规格的产品都有专属的定型器。卷制后的烟胚放在定型器的定型槽内，然后通过压模器施加压力，让烟胚在定型器中固定成为符合要求的固定圆周和型号的烟胚。

定型的过程中需要翻动几次雪茄，保证每个部位定型效果一致。

三、卷制茄衣

定型之后的烟胚就可以卷制茄衣了。

首先是选择合适的茄衣，判断茄衣烟叶可以卷制在烟胚表面的位置，然后使用裁切刀将合适形状的叶片裁切下来，从烟胚的尾部（燃烧端）开始将茄衣螺旋卷制到烟胚上，最后在烟胚的头部（抽吸端）粘贴一个圆圆的茄帽或者制作不同类型的辫子，完成雪茄卷制的全部过程。

裁切茄衣

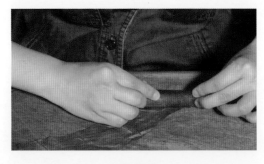

卷制茄衣

第十章　雪茄的呵护

　　在雪茄设计者、制造者以及雪茄客的心目中，雪茄是有生命的，需要像对待一切有生命和情感的事物一样精心呵护。

　　卷制结束后的雪茄，只是完成了它漫长"茄生"中的一小段，精心调配的烟叶组合、高超卷制技艺的直接体现，只是赋予了它一半的魅力，后期还需要进行精心的呵护才能保证每一支雪茄在面对消费者时呈现最完美的状态。

一、雪茄需要精养醇化

不同于卷烟卷制包装后就可以作为产品出售和消费，雪茄在生产后甚至是出售后还需要长时间的醇养以稳定或提升品质。雪茄醇养是雪茄生命过程中必不可少的，在这个过程中发生的一系列变化决定着雪茄品质的改变方向。经过正确醇养的雪茄，内在物质进一步转化，香吃味更加谐调，香气更加醇和。因此，不管是在生产工厂，还是在零售商和消费者手中，都需要正确醇养雪茄、准确判断雪茄醇养中存在的问题并及时解决。

醇养即将雪茄保存在适宜的环境中以促进香吃味醇和、杂气减少的过程。醇养品质的好坏决定了雪茄的品质和寿命，因此，醇养是一个需要投入更多精力和关注的过程。雪茄被存放在一定的器具中，放在适宜的温湿度环境中，如果保存得当，可存放 5 年、10 年甚至 20 年。有些雪茄和葡萄酒、威士忌一样，在适宜的环境和保养条件下存放的时间越长，雪茄香气就会越加柔和醇美。

二、雪茄的正确醇养方法

1. 适宜的醇养工具

醇养的过程并不是简单的存储过程，而是需要适宜的温湿度环境，优良材质的雪茄醇养器具会使雪茄醇养锦上添花。西班牙雪松木被认为是存储、养护雪茄的最佳材料。西班牙雪松木又名香洋椿木、西打木、西班牙柏木、南美香椿等，它独有的特点让其成为雪茄醇养的最佳伴侣，不管是雪茄工厂的醇养间、零售商的醇养房还是消费者的保湿柜和保湿盒，最佳材质都是西班牙雪松木。西班牙雪松木表面具有较多的纤维导管和气孔，吸湿性强，对环境水分具有很强的调节作用；西班牙雪松木中含有丰富的油脂类物质，其中具有挥发性的成分，可以防虫；西班牙雪松木能促进雪茄醇化，增加独特香气。

西班牙雪松木在雪茄醇养过程中可以以不同的形态存在。长城雪茄有一个"中国雪茄银行"，房间内常年精准控温控湿，各类高品质雪茄在由西班牙雪松木打造的养护柜内被精心保管，经过数月或数年的醇养，一支支成熟雪茄带着醇甜润绵的感官特点走进消费市场。

中国雪茄银行

长城雪茄在常规养护方法的基础上，创新研发了雪茄烟支的橡木桶养护法。橡木桶在雪茄烟叶发酵中对改善品质的促进作用同样适用于烟支的养护，养护后的烟支香气较为饱满，吃味更加醇和。这种创新技术的发明和使用大大提升了长城雪茄产品的质量和风味。

2. 提供适宜的温湿度环境

温湿度环境是影响雪茄醇养最关键的外界因素之一，通常认为"双70"是雪茄最佳的养护条件，即温度为70℉（约21℃）、相对湿度为70%。其实这并不是绝对的，甚至在很多时候70%的相对湿度很容易引起雪茄发霉。因此，环境的温湿度要根据雪茄醇养的外部环境条件、醇养器具以及雪茄特点等因素共同来确定。

具有控温控湿功能的雪茄保湿柜是醇养雪茄的最佳选择，它除了可以提供稳定的醇养条件，还能满足大容量存储的需求，通常是资深雪茄客的选择。

3. 经常查看雪茄的醇养状态

　　雪茄醇养不是静态的。雪茄具有较强的吸湿性，能与环境发生水分的交换，在适宜的温湿度和醇养器具中还会发生物质的分解和转化，因此雪茄醇养是一个动态的过程。醇养过程中要经常查看、确定雪茄的状态，以便及时调整醇养环境的温湿度，防止出现发霉、虫蛀等异常现象，避免更大的损失。

三、雪茄醇养过程中的 常见问题及解决措施

1. 发霉与开花

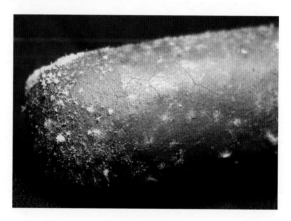

雪茄表面发霉

雪茄表面出现成片或者成团的白色、绿色、黄色、灰色的丝状物，很有可能就是发霉了。发霉的过程通常是由内而外的，即使把外部肉眼可见的霉菌清除，发霉对雪茄品质的影响也已经不能改变了。这可能是雪茄醇养的温湿度较高或者空气流通不畅导致的。

开花，是与发霉很容易混淆的一种现象。据记载，开花是茄衣上出现了油和糖的结晶，也有的说是盐的结晶。如果把雪茄拿在手里转动，这些晶体会在光线下微微发光；它的分布通常比那些霉菌要均匀，而且很容易脱落。这可能是因为茄衣本

身油分较足、内含物较为丰富，在适宜的醇养环境下，自然析出表面，改变了雪茄的内在物质和香气成分，从而提升了感官品质。

2. 虫　蛀

虫蛀的初步表现主要为雪茄的表面出现了明显的小针眼样孔洞，烟支尾端即燃烧端会掉出一些黑色的粉末，这些粉末是烟草甲虫啃噬烟叶后产生的碎末以及甲虫的粪便。如果虫蛀严重，醇养雪茄的器具中就会有已孵化的烟草甲虫幼虫和成虫，雪茄烟支表面有许多孔洞，周围散落着很多黑色粉末。虫蛀后的雪茄基本上就失去了品鉴的价值。

烟草甲虫

3. 雪茄偏干或偏湿

雪茄醇养过程中，烟支表面出现裂缝，通常是雪茄偏干造成的；雪茄捏起来发软，抽吸时出现点燃困难、偏燃等现象，又或者苦味偏重，很有可能是雪茄水分偏大造成的。这些异常现象通常是醇养环境不当引起的，根据烟支水分情况适当调整醇养环境温湿度即可。

四、雪茄的"体检"

为了让消费者拿到手里的那支雪茄能带来最完美的感官体验，从雪茄原料准备开始到走出工厂，整个生产流程都需要对各个环节的半成品和成品进行"体检"，也就是质量检验。

雪茄的质量检验，主要指雪茄烟支卷制、养护和包装生产环节中的质量检验，包括对外观质量、物理指标、感官质量和包装方法等进行综合判断。

1. 外观质量

雪茄的外观质量优劣直接影响消费者对雪茄产品甚至雪茄品牌的印象。一支优质雪茄，从外表来看，茄衣平整、烟叶完整、叶脉平展，颜色均匀一致，无明显洞眼、斑点、污痕等是

养护过程中的烟支外观质量检验

最基本的条件，如果外表光泽度好、油分足，就基本达到了可以品鉴的成熟状态。

外观质量的检查还包括对雪茄结构的检查。如果表面坑坑洼洼、烟支歪歪扭扭，这一定不是一支合格的雪茄。生产过程中要求雪茄烟支的任何部位都不能出现明显凹陷或凸起，烟支的燃烧端不能出现不平整和空松现象，烟支整体不能弯曲。

外观质量的检验主要依靠专业的技术人员进行感官判定。

2. 物理指标

雪茄质量检验涉及的主要物理指标包括烟胚的长度、圆周、重量和吸阻等，这些主要物理指标直接影响雪茄产品质量的一致性和稳定性，尤其是雪茄的吸阻。

吸阻是评价雪茄烟感官质量的重要因素之一，它反映的是

雪茄质量检验

雪茄燃吸时烟气的畅通程度，是消费者在抽吸时感受最直接的一项指标。合适的吸阻不仅能使雪茄燃烧顺畅且抽吸舒适，甚至能决定配方烟叶组合带来的前中后段的香吃味特点和变化，彰显雪茄配方特色。吸阻决定了每一支雪茄能给消费者带来怎样的感受，因此在雪茄的质量检验中尤为重要。

烟胚吸阻检验

　　生产过程中，每个卷制工都是自己产品的检验员，要对影响雪茄质量的关键点进行质量自检。在每个关键环节，都有专业的技术人员采用科学的测量和检验方法进行严格把关。

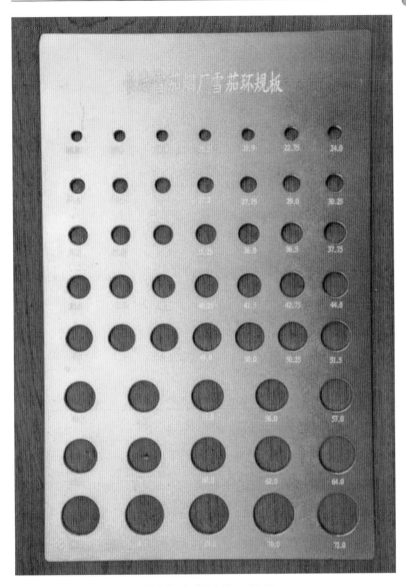

圆周检验使用的环规尺

雪茄卷制过程中的烟叶重量自检

3. 感官质量

雪茄好抽才是产品好卖的最主要原因。因此，雪茄工厂生产的雪茄都要经过品鉴师的鉴定后才能最终走入市场。雪茄生产出来之后，工厂会定期组织品鉴师进行感官质量评价，判断其是否符合产品设计的风格特点、是否可以出厂销售。

第十一章　雪茄品鉴要点

　　雪茄是最早的烟草制品类型，也是烟草最原始的味道，一般不会额外添加人工香料。雪茄的风味来自它的种植地的生态特点、品种以及烟叶加工工艺，这些不同的组合带来了不同的风味特点。很多人对雪茄最为深刻的直观感觉是冲击力极强的浓烈气味，是的，雪茄的精髓就在于其芬芳的烟气和浓郁的味道。点燃一支雪茄，你首先嗅到的是雪茄的香气，吸入口中，就会感受到雪茄带给你的不同味道。通常情况下，香气和味道是不能截然分开的，它们共同构成了不同雪茄的风味和特色。

　　一支完美的雪茄，从头到尾绝不会是单一的口味，这也正是雪茄的魅力所在。例如马杜罗雪茄会呈现香浓的带有奶味的

焦糖甜味，陈年雪茄往往更多呈现出清香的蜂蜜味。抽吸一支雪茄可以感受到前段、中段、后段的口味各不相同，前段出现蜜甜，中段可能出现皮革味等。雪茄的口味最终要综合嘴巴的抽吸、口腔的味蕾、鼻子的嗅觉以及其他诸如环境、心境、餐饮等因素来整体体会。

手工雪茄是大自然的恩赐，是纯天然的有机农产品。它裹挟着香韵丰富的烟雾在舌尖"起舞"，一次又一次地"冲击"着口腔与鼻腔，带给人们一种陶醉却又难以言传的美妙感受。想要充分感受雪茄的魅力，就需要了解如何品鉴雪茄。

一、基于消费体验的雪茄品鉴方法

雪茄最终的使命就是实现消费体验，给消费者以最大的香味满足。因此，基于消费体验的雪茄品鉴方法是评判一支雪茄是否优质的准则。

基于消费体验的雪茄感官评价表

样品名称：　　　　　　　　　　　　　　　编号：

外观 (5)
光霜　油润　细致　有缺陷

颜色不匀 (-2)　叶脉明显 (-1)　茄衣破损 (-1)　茄衣灰暗 (-1)　茄衣污秽 (-2)

小计：＿＿＿

结构 (5)
弹性均匀 (5)　烟支偏硬 (-1)　烟支偏软 (-1)　弹性不匀 (-1)

小计：＿＿＿

燃烧 (5)
均匀一致 (5)　复燃两次或以上 (-1)　燃烧倾斜 (-1)　燃烧内陷 (-2)　茄衣爆裂 (-2)

小计：＿＿＿

烟气 (5)
深和圆润 (5)　油腻 (-1)　尖锐 (-2)　单薄 (-2)　辛辣 (-2)

小计：＿＿＿

香气 (5)
1/5　2/5　3/5

甜香　木香　辛香　青香　松柏　坚果

优秀 (5)　良好 (4)　尚好 (3)　一般 (2)　差 (1)

皮革　泥土　奶香　果香　花香

小计：＿＿＿

浓郁度 (5)
过小 (1)　稍小 (3)　适中 (5)　稍大 (3)　过大 (1)

小计：＿＿＿

口感 (5)
1/5　2/5　3/5

坚果　泥土　胡椒　青草　咖啡　油脂

优秀 (5)　良好 (4)　尚好 (3)　一般 (2)　差 (1)

酸味　甜味　苦味　咸味

小计：＿＿＿

调性 (5)
谐调 (5)　较谐调 (4)　尚谐调 (3)　欠谐调 (2)　不谐调 (1)

小计：＿＿＿

灰烬 (5)
烟灰紧密 (5)　烟灰脱落 (-1)　烟灰松散 (-2)　烟灰分裂 (-2)

小计：＿＿＿

变化 (5)
逐渐变好 (5)　无变化 (-1)　不稳定 (-2)　逐渐变差 (-3)

小计：＿＿＿

强度 (5)
强　较强　中等　较弱　弱

评价意见：

评价人：　　　　　　　　　　日期：　　　年　月　日

注：各项目均以0.5分为计分单位，括号中的负向值为最高扣分值。

基于消费体验的评价方法更多是突出消费者关注的指标，通过对这些指标的评价，来反映在消费过程中每一支雪茄的受欢迎程度。如果有明显异味或霉变以及出现烟支熄火的情况，消费者就会直接否定这支雪茄。评吸方法通常采用局部循环评吸法，评价的指标包括外观、物理特点以及风格特征和质量水平等。

二、风格与质量评价体系

一支雪茄的风格是它的灵魂，是它向雪茄客传递味道的敲门砖。在烟草行业内部，有一套专业的雪茄风格与质量评价体系，用以指导和评判雪茄的设计和加工。

　　对于评价有很多专业的要求，比如雪茄烟评吸员应满足以下基本条件：①具有雪茄烟、烟草及烟草制品方面的专业知识；②耐烟碱力较强，具有从事感官评吸的兴趣和经验；③身体健康，不能有任何感觉方面的缺陷；④不应有明显体味。

　　进行雪茄烟风格特征及品质感官评价的评吸员，单次数量应不少于5人，一般为7—9人。针对评价会制作标准样品以及专业的感官评价表，评吸员须按照评价表要求填写评吸意见。

　　在评价前以及评价过程中也有很多禁忌或者需要注意的事项，比如评吸员在评吸前不应吃辛辣等刺激性食物，不得饮酒；要确保评吸员身体状态良好，评吸环境应安静、通风、无异味且不受打扰；火源一般要求用丁烷气打火机或酒精灯，也可选用无蜡质、无异味的火柴作为火源；试样评价前应对标准样品进行感官评价，以便校对统一口径，不影响检验；评价过程中可采用清茶和清淡水果清除口腔中残留的烟味；评吸节奏要控制好，不同评吸任务间至少停顿5分钟，让口腔、鼻腔得到休息，保证其敏感度。当然，在评吸过程中如身体不适，感官功能不正常，应退出评吸，待感官调整正常后，再参加评吸。

　　雪茄风格的典型程度和浓郁度是它最基本的两个特征，除此之外还有各种类型的香韵特征和味觉特征。香韵特征主要包括雪茄常有的木香、坚果香、咖啡香、焦甜香、烘焙香、胡椒香、花香、蜜甜香等等。从一支好的雪茄中我们能感受到的是丰富而谐调的各种香韵的融合。味觉感受主要是酸、甜、咸、涩、苦等等。

一支雪茄的好坏主要从五个维度进行评价,包括外观特征、香气特征、烟气特征、余味特征和燃烧特征。

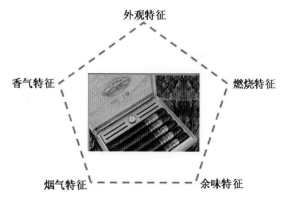

外观特征			香气特征			烟气特征			余味特征			燃烧特征		
油润度	颜色均匀度	卷制均匀度	香气量	丰富度	成熟度	刺激性	绵柔感	细腻度	甜润度	干净度	回味感	燃烧性	灰色	凝灰度

油润度:雪茄茄衣的丝滑光泽。

颜色均匀度:雪茄茄衣颜色的均匀程度。

卷制均匀度:雪茄卷制的松紧一致程度。

香气量:香气的多少或浓淡(丰满)程度。

丰富度:香气的丰富程度。

成熟度:香气成熟程度。

刺激性:烟气在感官上所造成的轻微或明显的不适感受。

如对鼻腔、口腔的冲刺，毛棘火燎等。

绵柔感：烟气柔顺、成团程度。

细腻度：烟气粒子细腻而滑润的程度。

甜润度：余味甜感、润感程度。

干净度：口腔各部位残留的程度。

回味感：烟气从口腔、鼻腔呼出后，在味感上的留香程度。

燃烧性：雪茄的燃烧程度。

灰色：雪茄燃烧后生成灰分的颜色。

凝灰度：雪茄在燃吸过程中，附着在燃烧锥上的烟灰凝结程度。

三、雪茄风味轮盘

雪茄是一种由干燥及经过发酵的烟草卷成的烟草制品，享用时需要把其中一端点燃，然后在另一端抽吸产生烟气。

实际上，雪茄浓郁而多样的风味常常是爱好者们对雪茄如此痴迷的重要原因，即便这些爱好者们并不是从事雪茄品鉴的行家，他们仍对雪茄的风味情有独钟。雪茄爱好者对于雪茄的感觉，与葡萄酒爱好者对不同品种、不同品牌及不同类型葡萄酒的感觉是一样的。

雪茄既有主体香韵，又有辅助香韵。雪茄通常是由多种烟叶混合卷制而成的，这就决定了雪茄的味道是一种组合味道；同时雪茄会随着时间醇化，味道也会发生变化。总的来说，雪茄的外观颜色越浅，其风味就越柔和；外观颜色越深，其风味就越浓郁。这张雪茄风味轮盘基本涵盖了所有的雪茄风味：

1. 植物风味

①青草：温和的雪茄通常会有这样的风味，最显著的是康涅狄格州的阴植叶。青褐色（Candela）雪茄因保留了叶绿素，也经常带有这种味道。

②干草：非常类似于草，但还是略有不同。

③苔藓：多米尼加和洪都拉斯的许多温和雪茄会呈现出这种味道。

④茶叶：这是难以捉摸的口味之一。据说，陈年雪茄会出

现这样的风味。

　　⑤木材：这是雪茄风味的重要组成部分。大多数雪茄都有某种木质的风味。雪松：许多雪茄是用香柏木雪茄柜或雪茄盒盛装的，它们会赋予雪茄这种香味。橡木：一些特种雪茄是在橡木桶中陈化的，自然会带上这种味道。

2. 香料和草药风味

　　如茴香、豆蔻果实、肉桂（类似吃红糖的感觉）、丁香、小茴香（一种黑烟和木质的味道，有人说像麝香）、辣椒、辛辣（常见于味道十足或者很浓烈的雪茄）等。

3. 泥土和矿物风味

　　如泥土（常见于尼加拉瓜雪茄）、铅（就像铅笔芯或石墨）、盐等。

4. 水果风味

　　如樱桃、柑橘（它既可能来自不当的发酵，也可能来自烟草本身）、糖蜜（一种非常甜的味道）、葡萄干等。

5. 坚果风味

　　大量雪茄都具有的突出的味道。这些风味的前面往往还会加上"烤"字，表示烟熏的元素。如杏仁、腰果、小杏仁饼（甜杏仁味）、花生（用康涅狄格阴植叶卷制的雪茄具有此种风味）、开心果等。

6. 花香风味

　　这是一个具有争议的风味，一部分人认为雪茄并无花香风味。

7. 其 他

如面包、炭、焦糖、巧克力（可以进一步详细描述为黑巧克力或牛奶巧克力和可可）、咖啡、奶油、皮革、烤肉等。

雪茄的味道需要不断地尝试、体验才能获得。一开始抽雪茄，能感受到一些味道，但可能无法分辨并表达出那是什么味道，或者你所感觉的味道跟别人说的不一样，这是非常正常的，因为味觉本来就是个性化的体验。但是慢慢地，你会建立一种味道基准，因为同一品类的雪茄味道总是相对固定的，之后对雪茄的味道也就有了更贴切的体会。因此，能准确捕捉并且明确那种风味的特征和代表性香味物质的前提是，你已经在大脑中植入了大量的香味记忆，甚至形成了一个风味数据库，每次感受一支雪茄的时候，你就会很快速和准确地将其从你的风味轮盘中捕捉出来。

自己抽才是雪茄味道体验的唯一路径。当你抽得越多，你对风味的把控也就越专业。

四、如何正确感受雪茄魅力

品鉴雪茄并不是简单地抽吸，而是让雪茄带我们进入一个惬意、静谧的空间，参透雪茄哲学，将内心世界修得更柔软、沉静、通透。抽吸雪茄是通过视觉、触觉、嗅觉、味觉对整支雪茄进行全方位的感受，总结起来就是十个字：一看、二捏、三闻、四品、五观。分解开来就是"一看烟支外观，二捏烟支松紧，三闻烟支嗅香，四玩口腔享受，五观燃烧灰型"。

一看：一支好雪茄给人的第一印象是完美的外观。要从欣赏工艺品的角度去观察雪茄，检查雪茄茄衣颜色是否均匀，油分是否充足，支脉是否平整纤细，表面是否有霉斑或洞眼，烟支端面切口是否平整，茄帽形状是否规则。

二捏：雪茄客的一个习惯性动作，是用手指抚摩和把玩一支雪茄。雪茄的松紧度一般要通过捏的触感来判断。一支好雪茄要求卷制松紧适度。捏的时候，有弹性而不发硬，但也不松软，并且从头到尾感觉一致。如果烟支部分松软，则意味着缺少烟草，形成了空头；如果烟支有硬点儿，妨碍抚摩，则意味着那儿有压缩或卷曲的烟草，将会影响整支雪茄的通气状况。

　　三闻：感受雪茄散发出来的诱人香味。优良雪茄所用的烟叶都经过至少十八个月的醇化处理，并由雪茄烟设计师进行技术性组合，其烟支嗅香，烟草味自然纯正，酸、甜、酵香味谐调美妙。即便是因为消费习惯需要外加了天然植物提取物，其香气也很朴实纯正。

　　四品：与 pH 值为 5.0—6.5 的卷烟的酸性主流烟气不同，雪茄烟的主流烟气呈碱性，pH 值为 7.5—8.5，它不能也不易入喉进入全呼吸系统循环，否则会发生呛咳现象。犹如对葡萄酒的品尝一样，雪茄烟是一种口腔味觉和鼻腔嗅觉的享受，所以，对于专业的雪茄客而言，享受雪茄的专业术语是"品雪茄"而不是"吸雪茄"。

　　掌握正确的品吸方法，全身心投入，用口腔和鼻腔来感受雪茄的韵味。品雪茄，首先要有一个轻松的环境与心态，根据雪茄的不同长度及环径，控制抽吸频率。品尝雪茄时，有两个关键要领：一是采用口腔内"小循环"，二是小口啜吸。烟气由口腔进、口腔出，抽吸频率放缓，保持力度、速度的均匀与稳定。

五观：简单来说，就是观察雪茄的燃烧状态。燃烧是对雪茄质量优劣的真正考验，也是享受、品尝雪茄不可缺少的环节。优秀的雪茄使用高质量、完整的烟叶进行卷制，燃烧的烟灰呈长圆柱形。烟灰是白色的，在烟灰与烟体交接处有一个黑圈，这表明烟叶是经过小心保存后才被做成雪茄的。燃烧端面平整，不应有烧得特别快而凹凸不平的现象发生。

判定和评价一支雪茄烟的质量优劣，是雪茄爱好者应该掌握的技术和技巧。雪茄爱好者要不断完善和丰富这些技术技巧。

五、优质雪茄的指标特征

1. 好雪茄茄衣色泽匀亮

好雪茄茄衣色泽光亮、手感光滑、韧性适中，叶脉不明显，同时茄衣上没有硬点或斑点。

2. 好雪茄香味舒适回甘

一盒好雪茄，在打开时所散发出来的香味舒适宜人。相反，劣质雪茄没有经过充分的发酵和成熟，会有一种类似氨水的味道。

3. 好雪茄燃烧均匀细致

一支好雪茄在享用过程中燃烧非常均匀。如果点火不恰当、抽吸力道走偏抑或雪茄品质不是很好，都会出现雪茄前端燃烧面倾斜的情况，导致抽吸不顺畅，影响口感。

4. 好雪茄口感完美均衡

好雪茄品味起来香气浓郁、醇厚丰满，富有层次而均衡，口感柔和细腻、完美舒适。

六、多品吸不同种类的雪茄

雪茄的种类有很多，可以从雪茄的产地、品牌、规格、浓烈程度、颜色、养护程度等来区分。不过雪茄的鉴赏是一种经验主义，我们可以通过多品来区分不同的雪茄。

如果你喜欢上了某款雪茄，还可以深入挖掘一下它背后的故事。例如你喜欢长城雪茄，可以了解长城品牌的起源、"132"的故事、独特的发酵工艺等，这不仅可以丰富你的精神世界，还可以让你了解更多有关的鉴赏方式。

七、了解雪茄风味

很多新入门的茄友在品吸雪茄时根本不了解雪茄的风味，也很难准确地描述雪茄的具体味道，这对于雪茄的鉴赏是非常不利的。

这时你可以寻找一张雪茄风味轮盘，了解雪茄的味道和香气的具体分类方式，在品吸时对照着来确认品吸到的味道，这对于雪茄鉴赏能力的提升是非常有帮助的。

八、尝试养护好的雪茄

要提升鉴赏水平，品吸高品质雪茄也是非常有必要的。这里的高品质并非单指价格，雪茄得到优质养护远比价格重要。

雪茄是主观性非常强的物品,价格的高低并非绝对的衡量标准,但是养护好的雪茄与未得到有利养护的雪茄是有本质区别的,只有养护好的雪茄才能让人品味到它最美的风味。

因此,在鉴赏一支雪茄前,最好先将其养护一段时间,至少要把雪茄调整到一个良好的状态,然后再进行品吸。只有多去尝试养护好的雪茄,才能提升你的鉴赏能力。

雪茄是有生命的,这里提供八条小建议,帮助大家正确掌握雪茄的脉动:

Tip 1:在通风良好、静谧、轻松、温馨的空间抽雪茄。

Tip 2：选择适合自己的雪茄。

Tip 3：准备一套得心应手的雪茄配件与工具。

Tip 4：适位剪切，精细点燃。

Tip 5：悉心呵护雪茄。

Tip 6：雪茄搭配饮品，会带来更加完美的体验。

Tip 7：口腔循环，啜口留香。

Tip 8：在不同的时间抽不同的雪茄。

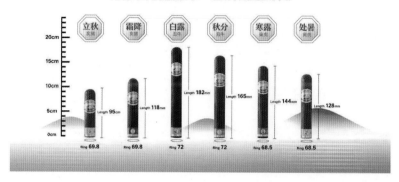

第十二章　雪茄与雪茄伴侣

一、不同消费场景的风味需求

抽雪茄应该遵循"不求最贵，但求最适合"的原则，雪茄爱好者可以根据自己的喜好和口感需求选择最适合自己的雪茄。在尺寸上，应根据自己的时间、喜好和环境进行选择：大尺寸雪茄更具风味，但品尝的时间更长；小尺寸雪茄品吸耗时更短，适合忙里偷闲抽。

短小精干的"小甜甜"，它的魅力在于轻松，适合餐前或忙里偷闲时来一支。它舒适醇甜的口感、乖巧带辫的烟支外形，特别吸引人

所罗门规格的长城"GJ6号"更能带来馥郁的香味体验，当然，品吸需要的时间也更长

在高节奏工作和生活的今天，结束了一天的劳累，点燃一支雪茄，享受一段轻松愉悦的时光，是再惬意不过的事情了。沉浸在雪茄的香气中，或三两好友闲散聊天，或独自一人放空冥想，这是一种令人向往的状态。雪茄已成为"慢生活"的最佳选择。那么如何选择一支合适的雪茄呢？

一是可以考虑雪茄的吸食时间。雪茄的尺寸用长度和环径表示，这两个值越大，雪茄的长度和圆周就越大，吸食的时间也就越长。一般雪茄的吸食时间为30—120分钟。因此，可以根据你准备吸食雪茄的时间选择对应尺寸的雪茄。如果你有整个下午来放松自己，享受一支雪茄，那么可以选择一支大尺寸的雪茄；如果时间有限，那么建议选择尺寸小一点的雪茄，在有限的时间内充分感受雪茄带来的轻松。对于初学者来说，可以选择尺寸较小的雪茄，慢慢适应雪茄的味道并学习品尝雪茄的技巧。

二是可以考虑雪茄的浓度。每一款雪茄都是配方师精心选择不同特点的烟叶组合而成的，都有自己的风格特点。按照雪茄的香吃味对人体感觉器官的冲击程度，习惯上将雪茄大致分为浓郁型雪茄、中间型雪茄和淡味型雪茄三种。有一点要说明的是，不管是哪一种类型，雪茄的浓度都是大于卷烟的。如

中等浓郁到浓郁的长城"132"奇迹，国际流行的宽身丘吉尔尺寸，口感以焦甜、豆香、坚果香为主，略带甘草和皮革味，香气浓郁饱满，余味甘甜

何判断雪茄的浓度呢？有人说雪茄的浓度是跟茄衣的颜色对应的，其实不然，并不是所有深色茄衣的雪茄都是浓郁型的，也不是所有浅色茄衣的雪茄都是淡味型的。雪茄的浓度主要是由重量占比达到整支雪茄75%以上的茄芯烟叶决定的，因此，判断雪茄的浓度需要知道雪茄的产地和烟叶来源等信息。雪茄的包装盒或者宣传册等地方通常会标识此类信息。

对于初学者来说，淡味型到中等浓度的雪茄都是不错的选择；对于资深的雪茄客来说，主要就是根据自己的喜好来决定了。此外还有一种说法，就是不同时段适宜的雪茄也是不同的，如早上更多的雪茄客喜欢抽一支较为清淡的雪茄，而下午或者晚上则更倾向于浓郁型的雪茄。

三是需要判断雪茄的品质。选择一款高质量的雪茄，是每个消费者追求的。那么如何判断一支雪茄的优劣呢？

首先是用眼睛看。雪茄最外层是茄衣，如果一支雪茄的茄衣光滑、颜色均匀，没有缝隙和斑点等缺陷，那么这样接近完美的茄衣所包裹的，应该是一支制作精良的雪茄。如果茄衣上出现了裂缝或者霉点等异常情况，就果断放弃它。

第二是用鼻子闻。优质的雪茄具有典型的雪茄香气，用鼻子可以闻到烟叶经过充分发酵产生的醇熟味道。如果它的香味吸引了你，那么它可能就是一支适合你的雪茄。

第三是用手握。用手轻轻握一支雪茄，如果发出沙沙的响声，甚至有烟叶破碎的声音，那么这支雪茄可能养护不当，导致水分过低；如果手握感觉过于软塌，烟支很容易变形，那么这支雪茄可能水分太高了。不管水分过高还是过低，对于雪茄的品质来说，影响都是十分大的。只有那些手捏稍有弹性、烟支饱满、水分适当的雪茄才是优质的雪茄。

四是可以根据雪茄品牌来选择。一般来说，消费者心中那些好的品牌旗下的雪茄，都是他们的首选，毕竟这些品牌在雪茄发展的历史长河中，都保持着较高的品质。优质的烟叶原料、精湛的手工技艺、成熟的醇化技术，这些都是好品牌的特征。因此，当你迷惑于如何选择一支雪茄时，可以先试试那些耳熟能详的雪茄品牌。

五是根据自己的消费能力来选择。在中国市场，雪茄曾被认为是一种奢侈品，但是在国外它同卷烟一样，是一种日常的消费品。雪茄的价位范围很广。如果是初学者，建议从中低价位的雪茄开始尝试，等对雪茄有了一定的了解和认识后，再尝试价格更贵的雪茄。

六是在专业的雪茄店铺选择雪茄。如果你实在不知道如何选择，那就找一家专业的雪茄店吧，例如"长城优品生活馆"，让专业的侍茄师为你服务。他们具有丰富的雪茄知识和销售经验，能够根据顾客的具体情况和需求推介合适的雪茄，并提供酒饮搭配的建议，甚至可以为你讲授不常能听到的雪茄趣闻和知识，让你的综合体验升级。

长城优品生活馆成都中海国际店

二、一茄一茶

依据发酵程度的不同，我国将茶叶分为轻发酵、半发酵、全发酵和后发酵四种类型。现在有越来越多的雪茄客正在积极尝试雪茄与茶的搭配方案。与雪茄相似，茶的风味除来自原料本身，也与发酵程度息息相关，一般发酵程度较深的茶需要搭配较浓的雪茄，而较淡的茶具有更微妙的香气，适合搭配较温和的雪茄。

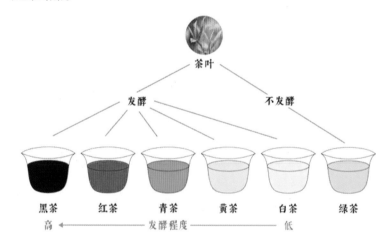

在中国，普洱茶与雪茄的搭配是许多雪茄客热衷的"官配"。茶的回甘、工艺要求、产品属性、存养价值与雪茄是如此类似，如同孪生兄弟。但最适合雪茄的茶叶莫过于熟普，熟普可去痰热、止渴、下气消食，使人益思、轻身、明目，更重要的是可以降低口中浓烈的雪茄烟味。

　　而在四川，带有"醇甜香"风味的中式雪茄，搭配"乡野风味"的红白茶，已经逐渐成为雪茄迷心中一道靓丽的风景线。

三、雪茄与美酒

抽雪茄时通常也可以搭配一些合适的饮品，温和的有朗姆酒、香槟、黄酒，浓烈的有威士忌、波特酒、白兰地、白酒等。

雪茄和美酒的搭配虽然花样繁多，但也无非口感及风味强度的区别。搭配的基本原则为浓淡适配和口感香气同类搭配，即"相似相溶"。雪茄的配饮搭配没有最好，只有最合适。需要注意的是，不要选择口感过于浓厚的酒搭配雪茄，那样会掠夺雪茄的味道，最后得不偿失。

1. 朗姆酒

朗姆酒是以甘蔗为原料生产的一种蒸馏酒，原产地在古巴，

酒精含量一般为 38%—50%，非常适合与雪茄搭配，特别是经过木桶陈放的朗姆酒，层次丰富多变，用来搭雪茄，别有一番味道。但在一些正规的场合，大家会选择搭配白兰地，这不是因为白兰地的口味与雪茄更配，而是白兰地高贵的"气质"与雪茄趋同。相比之下，朗姆酒的"身价"有些低。

2. 白兰地

奥斯卡影帝杰克·尼科尔森曾经说过："男人在晚餐后应当离开餐桌，到另一间房子去点燃一支雪茄，斟上一杯白兰地。"由此拉开了雪茄与白兰地搭配的序幕。需要特别注意的是，在搭配雪茄时，雅玛邑（Armagnac）要优于干邑（Cognac），由于制作工艺不同，尤其是蒸馏方式不同，干邑白兰地需经过二次蒸馏，而雅玛邑白兰地主要使用连续式蒸馏，只蒸馏一次，这使得雅玛邑更加温和甜美，香气也更加古典幽深，沉郁的糖

分可使雪茄的口感更加柔润饱满。白兰地产量有限而且对陈酿时间的要求非常高，因此价格不菲。上好的白兰地配雪茄，无论品味上还是口感上都是绝佳的。

3. 威士忌

威士忌是一种由大麦等谷物酿制，在橡木桶中陈酿多年，调配成的43度左右的烈性蒸馏酒，被英国人称为"生命之水"。威士忌酒体甜度较高，非常适合与雪茄搭配，特别是苏格兰的单麦芽威士忌，拥有丰富的层次感，可以和雪茄产生奇妙的化学反应，而且由于是单麦芽酿制，酒性虽烈，却很容易入口。当然还是要提醒大家，威士忌纯饮、加冰、加水都是可以的，切忌兑入饮料。

4. 黄　酒

近年来，随着雪茄文化在国内的日渐普及，很多中国雪茄

客尝试将中国传统酒类作为雪茄的配饮，因而出现了雪茄配黄酒这一猎奇的搭配。虽然猎奇，但从口感和接受程度来看，黄酒确实是一种不错的选择。我们刚才讲过，雪茄更适合与高度烈酒搭配，但对于很多入门级雪茄客而言，他们更倾向于选择甜度较高的酒类。黄酒的酒精度数在 14—20 之间，糖分最低的干黄酒含糖量为 10g/L 左右，口感柔和，这使其能够支撑温和型雪茄的烟气，让它更加饱满，同时适度的酒精也可以刺激舌苔和味蕾，让人更容易感受雪茄香气的层次。当然，选酒也不宜过甜，干黄酒和半干黄酒即可。

5. 中国白酒

中国白酒与白兰地、威士忌、伏特加、朗姆酒和金酒并称为世界六大蒸馏酒。以五粮液为代表的浓香型白酒以中高温大曲作为主要发酵剂，采用混蒸续渣、泥窖固态发酵、固态蒸馏的酿造工艺，独特的酿造工艺赋予了其独特的酒体风味特征。浓香型白酒香气成分以酯类物质为主，约含 100 多种酯类物质。其中，己酸乙酯为主体香，与乳酸乙酯、乙酸乙酯、丁酸乙酯并称为四大酯类，四大酯类含量高低和比例关系决定了白酒的质量和风格。同样，烟草及烟气香味中已经鉴定的酯类物质有 529 种，烟气中有 456 种酯类化合物，其中 57 种为烟草中关键酯类风味物质。酯类物质的香气特征主要为花果甜味、烤甜味、清香味、薄荷凉味，具体风味特征和分类详见表 1 和表 2。

表1 雪茄烟叶中重要的酯类物质

（黑体的为烟叶与白酒共有物质）

编号	名称	风味特征
1	异戊酸甲酯	甜、酒味、坚果味
2	**乳酸乙酯**	**香蕉型水果香**
3	**2-甲基丁酸乙酯**	**苹果、杏子型水果香**
4	**乙酸异戊酯**	**梨、香蕉型水果香**
5	顺式-3-己烯醇甲酸酯	
6	丁酸异丁酯	苹果、菠萝型水果香
7	糠酸甲酯	水果香和蘑菇、香菌香气
8	**乙酸己酯**	**清香、水果香**
9	乙酸-2-己烯酯	水果香
10	琥珀酸二甲酯	果香、焦香、酒香
11	糠酸乙酯	清香、果香
12	甲酸苯乙酯	花香、清香
13	甲酸苄酯	花香、果香
14	**苯甲酸甲酯**	**花香、果香**
15	异戊酸异戊酯	果香
16	1-辛烯-3-醇乙酸酯	蘑菇香气和金属、泥土味
17	**辛酸甲酯**	**酒香、果香**
18	乙酸对甲酚酯	花香
19	乙酸苏合香酯	花香、清香
20	**辛酸乙酯**	**烤烟味**
21	丁酸环己酯	油脂味、苹果味
22	2-甲基丁酸己酯	水果清香、辛香
23	乙酸芳樟酯	花香
24	**乙酸苯乙酯**	**花香、水果香、可可香、酒香**
25	水杨酸乙酯	冬青油香
26	**壬酸乙酯**	**果香（葡萄）、花香、酒香**
27	甲酸茴香酯	
28	乙酸香茅酯	花香、果香
29	乙酸3-苯丙酯	辛香、花香
30	肉桂酸甲酯	果香（樱桃）、可可香

31	顺式 -3- 己烯醇己酸酯	果香（苹果、梨）
32	异丁酸苯乙酯	青香、果香、花香（玫瑰）
33	异戊酸苄酯	
34	**癸酸乙酯**	**甜味**
35	丁酸苯乙酯	果香、花香（玫瑰）、蜂蜜甜香味
36	肉桂酸乙酯	果香（甜橙和葡萄）
37	辛酸戊酯	果香、花香（鸢尾花）
38	异丁酸香叶酯	花香、果香（杏子）
39	十二烷酸甲酯	花香
40	9- 十八烯酸甲酯	
41	异丁酸肉桂酯	甜味、脂香、果香
42	**月桂酸乙酯**	**微甜、果香、脂香**
43	异戊酸肉桂酯	花香（玫瑰）
44	肉豆蔻酸异丙酯	
45	苔色酸乙酯	
46	苯甲酸苄酯	杏仁香
47	肉豆蔻酸乙酯	花香、果香、可可香
48	十五烷酸甲酯	
49	十四烷酸甲酯	果香、奶香
50	水杨酸苄酯	甜味
51	十六烷酸甲酯	
52	**棕榈酸乙酯**	**弱蜡香、果香、奶油香**
53	苯乙酸茴香酯	
54	肉桂酸苄酯	花香（苏合香）
55	硬脂酸甲酯	
56	硬脂酸乙酯	蜡香
57	二氢茉莉酮酸甲酯	花香

表 2　"清凉"风味的内酯类物质

编号	名称	风味特征
1	4-羟丁酸内酯	
2	4-羟-2-异丙基-丁酸内酯	甜、薄荷、木香
3	5-羟-3-异丙基-2-戊酸内酯	坚果、可可香
4	4-羟-4-甲基-5-己酸内酯	果香、薄荷香
5	4-羟壬酸内酯	可可果味
6	二氢猕猴桃内酯	清凉味

　　五粮液独特的生产原料、生产工艺和生态环境，使五粮液酒具有了"香气悠久、滋味醇厚、入口甘美、入喉净爽、各味谐调、恰到好处、酒味全面"的独特风格，与讲究"醇甜润绵"的长城雪茄搭配，妙趣横生。

　　长城"GL1号"与五粮液搭配时，其姜饼、干草和甜饼干的香气，与五粮液的谷物香、醇香谐调得恰到好处，其清新的

花香、李子的香气随着五粮液的花果香激荡，而可可、坚果以及皮革的味道则带来更为厚重的口腔体验。

四、雪茄与中餐的碰撞

说到雪茄和食物搭配，部分雪茄客是非常认同的，但也同样存在一些反对的声音。如果你碰巧喜欢抽优质雪茄，又恰巧热衷美食，那么如下建议也许能帮你找到美食和雪茄的完美搭配。

首先，你需要一支优质的雪茄，其强度应根据你准备的食物类型而定。但雪茄在什么时候抽比较合适呢，在就餐前，就餐时，还是就餐后？如果你想把食物和雪茄搭配起来，那么建议你在吃饭的时候抽，这是你能同时享受两种口味的唯一方法。一些雪茄爱好者认为，在饭前抽吸会对味蕾产生负面影响，因此选择在饭后享受。但当你吃完后再品吸，雪茄和饭菜的味道是否能相互补充就真的不重要了。

　　罗布图规格的长城"揽胜3号经典"，口感浓郁。品吸时能感受到雪松木香、白胡椒的辣味和自然的烟草味，中段有微微的咖啡味和烧烤的香味，夹带着一丝蜜甜，抽吸顺畅且舒适，在国内是一款认可度极高的日常雪茄

　　当你寻找能与你的食物完美搭配的雪茄时，一定要确保与雪茄搭配的食物是你喜欢的。雪茄和食物应该相辅相成。我们

的目标是让每种口味相互增强，而不是相互压制。从字面上讲，你需要找到正确的平衡。例如，一支浓郁的长城 GL 系列雪茄和川菜的辛辣风味可以完美地融合，因为辣椒、花椒和各种辛香料的味道可以完美地抵消雪茄的浓烈。这是夏季晚餐的完美搭配。

对于粤菜，你可以选择温和些的雪茄，比如"加勒比阳光"，它时尚清爽，曲奇味和蜂蜜花香的口感突出，能较完美地融合甜味和醇香，让人心情愉悦。

咸鲜的鲁菜、淮扬菜系则比较适合搭配中等浓郁的 132 雪茄。当然，说到底，雪茄与中餐的配对并没有什么严格的规则可遵循，跟雪茄一样充满了复杂性和微妙性。

第十三章　好雪茄在国内的购买

一、如何挑选雪茄

与从前相比，现在有更多的雪茄品牌和种类可以选择，而面对这么多不同的雪茄，你要做的并不是马上掏出钞票。毕竟，雪茄并不像卷烟那样千篇一律，而品尝雪茄也不仅是为了满足身体对于烟草的需求。一支雪茄的尺寸、颜色、口感、香气，都决定了握着这支雪茄的主人的品位与气度。因此，一位懂得选择雪茄来佐伴时光的人，首先必须学会从琳琅满目的雪茄中挑选出适合自己的那一支。

要正确挑选雪茄，首先需要了解雪茄的分类。按照加工方式的不同，雪茄可以分为手工雪茄（Hand-made Cigar）、手卷雪茄（Hand-rolled Cigar）以及机制雪茄（Machine-made Cigar）。手工雪茄的茄芯、茄套、茄衣完全经由经验丰富的雪茄工人在简单的工具辅助下手工卷制成形，一般尺寸较大，价格较高；与之相对的机制雪茄则是从内到外全部由机器制造，通常有多种风味、浓度和纹理，尺寸较小，价格较低。手卷雪茄则是使用机器卷成茄芯，再由人工卷上茄衣制成。对于初学者而言，小尺寸的机制雪茄不会有过于浓郁的烟气和口感，是入门的最佳选择。经过一段时间的适应之后，再循序渐进，逐步尝试尺寸较大、口味较浓的手工雪茄，这样你才能真正体会到雪茄的韵味。

知道了雪茄的分类之后，接下来需要了解的就是雪茄的尺寸与颜色。国际上常用长度和环径这两个指标来衡量雪茄的尺寸其中，长度的单位为英寸，而环径则是一个特殊的度量标准，它是用雪茄直径（英寸）的64倍来标示的，例如一支环径为40的雪茄，实际直径为40/64英寸。

根据外形，雪茄一般分为规则雪茄（Parejos）和异形雪茄（Figurados）。规则雪茄是指外形呈圆柱形，并且从头到尾环径都是一样的雪茄，常见规格有皇冠（Corona）、丘吉尔（Churchill）和罗布图（Robusto）等。

目前市场上，规则形雪茄占据了大半江山，但近年来，外形不是圆柱形的异形雪茄也再次风靡起来，尤其受到那些喜欢与众不同的雪茄客的追捧。其中，金字塔形（Pyramid）、标力高（Belicoso）以及鱼雷（Torpedo）较为常见。适当的挑选方法是根据你的身高、体重、肺活量、预计抽雪茄的时间长短来选择合适的尺寸，当然你也不必拘泥于此，大可按照自己的喜好和心情而定。

挑选雪茄时，茄衣颜色也是一个重要的参考指标。通常雪茄客们用七种基本色来形容雪茄的颜色，这些名称均是西班牙语，从浅至深分别为：青褐色（Double Claro）、浅褐色（Claro）、浅棕色（Colorado Claro）、红褐色（Colorado）、深褐色（Colorado Maduro）、黑褐色（Maduro）、近黑色（Oscuro）等。一般而言，颜色越深的雪茄越浓郁，口感也可能甜些，因为深色烟叶含的糖分较高；而相对地，颜色越浅的雪茄口味也越清淡。

要了解一支雪茄是否真正适合自己，关键在于其口味。对口味浓度的描述大致有六种：温和、温和至中等浓郁、中等浓郁、中等浓郁至浓郁、浓郁、非常浓郁。由于烟草消费文化、习惯以及口味偏好等原因，温和型雪茄更适合中国消费者的口味，因此，温和型雪茄也是中式雪茄的发展方向。

通过上面这些步骤，相信你已经在众多雪茄中缩小了选择范围。但如何进一步在剩下的雪茄中挑选出更优质、更适合自己的出色雪茄呢？

首先，要检视茄衣。一支优质雪茄的茄衣应该完整平滑、色彩均匀、色泽油润。好的雪茄，茄衣上可以看到清晰的叶脉，而且茄衣的主叶脉应该尽量与整支雪茄平行，这样有利于吸食。除了看之外，还可以用手轻柔地摸一下雪茄，掂一下重量。一支优质且养护得当的雪茄应该平整光滑、弹性充足、烟支饱满，并且没有干燥或霉变的情况。

看完之后，可以闻一下雪茄。好的雪茄，在出售前会储藏一定的时间，好让雪茄之间的香味互相沟通，让每支雪茄的香味平衡。因此，一盒上好的雪茄，在打开时所散发出来的香味舒适宜人；相反，劣质雪茄会有一种氨水的味道。

接下来，可以点燃雪茄，观察它的燃烧情况。一支好雪茄在享用过程中燃烧会非常均匀。同时，一支上好雪茄的烟灰应呈长圆柱形，烟灰在掉落前可长达 1—1.5 英寸。长的烟灰表明雪茄填充的是高质量的完整的烟叶，而质量稍差的短烟叶通常用于制作不太昂贵的机制雪茄。短烟叶填充的雪茄，其烟灰会像卷烟烟灰一样飘落。

最后，可以试试抽几口手中的这支雪茄。好雪茄品味起来，香气醇厚丰满，没有怪味，口感柔和细腻、完美舒适。

作为一名已经入门的雪茄客，也许你想在一天内尝试不同口味和尺寸的雪茄，这时，你就要更进一步，学会如何根据享用时段来挑选雪茄。一般而言，可以按照从早到晚、循序渐进的方式选择雪茄。比如，"每天的第一支"应该选择味道较为温和、尺寸较小的雪茄，它会给你一个神清气爽的开始。午餐之后，你可以选择浓郁一点的雪茄，让你有更充裕的精力面对下午的忙碌工作。而在晚宴之后的"绅士时间"，则可以选择尺寸较大、口感浓郁的雪茄，配上威士忌，度过一个美好的夜晚。

恭喜你，你已经知道如何挑选适合自己的雪茄了。现在就开始认真找出那支心仪的雪茄吧！

二、长城雪茄选购指南

长城雪茄是中国雪茄领军品牌，拥有超过 100 年不间断的规模化雪茄生产历史，是中式雪茄的奠基者和领导者，在中国雪茄产业中具有不可复制的地位，也是世界雪茄不可或缺的重要组成部分。

长城品牌的手工雪茄拥有 GL 系列、132 系列、国际系列、

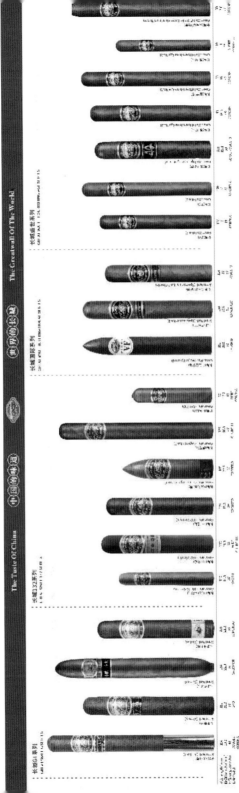

盛世系列四大产品系列。

1. "GL系列"是长城雪茄的工艺集大成之作，也是中式雪茄的代表作。长城"GL1号"拥有世界顶级品质，真实还原了当年用于款待外宾的"1号雪茄"历史原味，是中式雪茄的价值标杆；长城"生肖版"将中国传统生肖文化蕴含于产品中，雪茄爱好者争相收藏。

2. "132系列"定位为满足中高端消费的特色系列，旨在原味再现领袖特供经典。长城"132秘制"是全球首创的预开口手工雪茄，真实再现主席当年喜爱的2号雪茄历史原味，是中国首创原创经典规格"毛式"代表产品；长城"红色132"则因甜香突出、烟支乖巧而被昵称为"小甜甜"，广受欢迎。

3. "国际系列"定位为长城雪茄国际合作开发的高端手工

雪茄，代表了长城雪茄的国际化水平。长城"揽胜1号"由中外大师共同调制，是极具国际范的中国手工雪茄，并首次登上国际权威雪茄盲评榜；长城"揽胜3号"由中美合作出品，被

众多北美雪茄客极力推荐；长城"唯佳金字塔"由长城雪茄与唯佳品牌联合推出，入选被誉为"雪茄客购物清单"的 *Cigar Journal* 杂志 2020 年度国际雪茄排行榜 TOP25。

4. "盛世系列"定位时尚消费，融合全球原料技术，物超所值，是长城雪茄的主力基座。长城"盛世 3 号"烟支纤巧，口感温和，是深受中国消费者喜爱的经典手工雪茄；长城"盛世 5 号"更是中国入门级手工雪茄的销量冠军。

三、沉浸在长城优品俱乐部

中国雪茄第一品牌长城提出了"创新生活美学"的长城优品发展理念，为烟草流通品牌发展提供了可借鉴的实践经验。它不仅仅是多种业态聚合，也不再是传统终端门店烟草售卖，而是以分享优品产品理念、传达无限生活可能、体验生活情趣为使命，使烟草终端往生活方式中心化进化，实现购物消费与美好生活方式的链接，呈现出一个有文化、有思想、有腔调的新型消费文化空间。

长城雪茄致力于打造优品生活，提出了优品俱乐部、优品

生活馆、优品之家三个不同定位的雪茄体验和消费场所。

长城优品俱乐部定位于长城雪茄顶级形象专业俱乐部，以形象展示和俱乐部会员专享活动为主要功能定位，是长城雪茄高端品牌形象塑造和高端产品展示的顶级终端，也是长城雪茄价值形象规格和结构型规格的销售主场所。

长城优品俱乐部的选址以全国省会城市及川渝、长三角、珠三角、环渤海等经济发达地级城市为重点，地处所在城市核心经济圈、高端商务区、高端住宅区，面积一般不会低于200平方米，具备容纳不少于30人的品鉴空间，可提供酒水、咖啡或餐食等服务。俱乐部的负责人一般拥有丰富的雪茄知识和雪茄从业经验，有成熟的经营模式，热爱长城雪茄，对长城雪茄经营有强烈意愿。优品俱乐部都具有稳定的雪茄客户群体和

异业客户资源，具备客户拓展、活动推广的能力，拥有门店服务、会员管理和活动推广人员。

优品俱乐部具备雪茄体验的所有功能，一般会有品牌及产品展示区、品鉴体验区、储藏养护区、VIP专享区、多功能区等。俱乐部的门头都是"长城优品俱乐部"统一设计元素，具有明显的品牌辨识度。

全新改造、完整呈现的"长城优品俱乐部"门头

另外，优品俱乐部还拥有专业的保湿房，保湿房柜体采用专业雪松木材质，面积一般不超过20平方米，主要醇养着长城品牌的雪茄。

每一个优品俱乐部里面都会陈列长城品牌的旗舰产品、中国雪茄的价值标杆——长城"GL1号"，同时均会打造一处"132秘史"墙，挂有毛主席抽毛氏雪茄的照片，讲述长城雪茄的一段红色历史，并展示一些国际盲评获奖产品的挂画。

四、体验长城优品生活馆

长城优品生活馆定位于长城雪茄专业终端，以形象展示、消费品鉴和产品销售为主要功能，是长城雪茄品牌形象展示、消费培育的中坚力量，是长城手工雪茄销售的主要场所，主要选址在 36 个重点城市及地级市，地处所在城市商业街、写字楼、中高端住宅区，一般为 100 平方米左右，并具备可以容纳不少于 20 人的品鉴空间，可提供酒水、咖啡或餐食等服务。

优品生活馆一般具备雪茄体验的必备功能，有品牌及产品展示区、品鉴体验区、储藏养护区等，也是统一设计、统一形

象，同样均展示了国礼 1 号产品，配备有"132 秘史"墙。

优品生活馆负责人同样具备丰富的雪茄知识和雪茄从业经验，他们每年都会受邀参加一次"走进四川中烟"体验活动。他们每季度开展一次针对消费者的活动，几乎每半年会组织会员或客户开展一次长城雪茄品鉴活动，并提供雪茄知识培训服务。

长城优品生活馆以其优质服务、鲜明特色、独特创意成功在市场上赢得青睐。至今，长城优品生活馆已经在全国开业近50 家，成为中国雪茄的一张名片，是对外交流、展示形象的良好窗口，其倡导的优质品位生活方式也得到越来越多消费者的认可。

融合了"长城"雪茄的文化、含义、特色的长城优品生活馆，成功展示了品牌个性；优质的环境与服务，让消费者在体验式营销中享受雪茄的魅力；在长城优品生活馆中举行的品鉴会和文化讲座，将品牌文化气质与"长城"品牌所代表的雪茄文化有机结合。

五、具有魅力的优品之家的主人

长城优品之家定位于长城雪茄重点终端，以形象展示和产品销售为主要功能定位，是长城雪茄品牌展示、产品销售的基础形态，长城雪茄销量型规格的主销场所，一般开设在地级及以上城市、具有知名旅游景点的县级城市，位于所在城市主干

道商业街区、中高端住宅集中区，面积一般不低于30平方米，具备品牌展陈空间。

优品之家由于面积更小，消费的模式更趋于零售，因此店面一般具备雪茄消费体验的基本功能，包括品牌及产品展示区以及品鉴体验区。它们的门头一般都会有"长城优品之家"的牌匾。由于面积较小，优品之家可能没有专业的保湿养护房，但是都会配备保湿柜来醇养雪茄。

图书在版编目（CIP）数据

好雪茄为什么好 / 四川中烟工业有限责任公司编著 . -- 北京：华夏出版社有限公司，2023. 11

ISBN 978-7-5222-0420-8

Ⅰ.①好… Ⅱ.①四… Ⅲ.①雪茄—基本知识 Ⅳ.① TS453

中国版本图书馆 CIP 数据核字（2022）第 186242 号

好雪茄为什么好

编 著	四川中烟工业有限责任公司	
责任编辑	霍本科　王梓臻	
责任印制	刘 洋	
封面设计	胡 希 邢 蕾	
出版发行	华夏出版社有限公司	
经 销	新华书店	
印 装	三河市万龙印装有限公司	
版 次	2023 年 11 月第 1 版　2023 年 11 月第 1 次印刷	
开 本	880×1230　1/32 开	
印 张	6.5	
字 数	125 千字	
定 价	58.00 元	

华夏出版社有限公司 社址：北京市东直门外香河园北里 4 号
邮编：100028　网址：www.hxph.com.cn
电话：010-64663331（转）
投稿合作：010-64672903；hbk801@163.com
若发现本版图书有印装质量问题，请与我社营销中心联系调换。